科学のアルバム

鳴く虫の世界

佐藤有恒●写真
小田英智●文

あかね書房

もくじ

監修●矢島 稔
イラスト●森上義孝
園 五朗
渡辺洋二
林 四郎
装丁●画工舎

科学のアルバム

鳴く虫の世界

佐藤有恒（さとう　ゆうこう）

一九二八年、東京都麻布《あざぶ》に生まれる。

子どものころより昆虫《こんちゅう》に興味《きょうみ》をもち、東京都公立学校に勤《つと》めながら昆虫写真を撮《と》りつづける。

一九六三年、東京都銀座《ぎんざ》で虫と花をテーマにした個展《こてん》をひらき、翌《よく》一九六四年に、フリーのカメラマンとなる。

以後《いご》、すぐれた昆虫生態《せいたい》写真を発表しつづけ「昆虫と自然《しぜん》のなかに美を発見した写真家」として注目される。

おもな著書《ちょしょ》に「アサガオ」「ヘチマのかんさつ」「紅葉のふしぎ」「花の色のふしぎ」（共にあかね書房）などがある。

一九九一年、逝去《せいきょ》。

小田英智（おだ　ひでとも）

一九四六年、北海道小樽《おたる》市に生まれる。

一九六九年、北海道大学理学部動物学科卒業後、出版社《しゅっぱんしゃ》に勤務《きんむ》。

学習科学雑誌《ざっし》の編集《へんしゅう》、テレビ番組の制作《せいさく》にたずさわる。

一九七二年、フリーライターとなり、雑誌などに、児童向け科学記事を執筆《しっぴつ》している。

著書《ちょしょ》に「昆虫のせかい」（偕成社）、「トノサマバッタ」（あかね書房）がある。

●草《くさ》の上《うえ》で，夏《なつ》の暑《あつ》さをうたうキリギリス。

日本《にっぽん》には、かわった鳴《な》きかたをする虫《むし》や、美《うつく》しい声《こえ》の鳴《な》く虫《むし》が、たくさんいます。声《こえ》をたよりに、どんな虫《むし》が鳴《な》いているか、草《くさ》むらをのぞいてみませんか。

➡ヤブキリの一令《いちれい》幼虫《ようちゅう》。まだ、頭《あたま》でっかちの赤《あか》んぼうです。ヤブキリはキリギリスのなかまです。体長《たいちょう》七ミリメートル。

⬅土《つち》の中《なか》のたまごから、うまれてまもないエンマコオロギの幼虫《ようちゅう》。体長《たいちょう》二ミリメートル。

春《はる》の幼虫《ようちゅう》たち

鳴《な》く虫《むし》の子《こ》どもが、春《はる》の草《くさ》むらを、はいまわります。たまごで冬《ふゆ》をすごし、この春《はる》にうまれた、キリギリスやコオロギたちの幼虫《ようちゅう》です。

うまれてまもない幼虫《ようちゅう》は、まだマッチぼうの頭《あたま》くらいの大《おお》きさです。でも羽《はね》がないほかは、長《なが》い触角《しょっかく》も、大《おお》きな後《うし》ろ足《あし》も、親《おや》によくにた形《かたち》です。

幼虫《ようちゅう》は、ぴんとのびた触角《しょっかく》で、あたりの気配《けはい》をうかがい、きけんがせまると、後《うし》ろ足《あし》でジャンプして、草《くさ》のなかへにげます。のびはじめた春《はる》の草《くさ》が、小《ちい》さな幼虫《ようちゅう》をすっぽりかくします。

↑タンポポのおしべをたべるヤブキリの一令幼《いちれいよう》虫《ちゅう》。ヤブキリやキリギリスの若《わか》い幼虫《ようちゅう》は，やわらかな植物《しょくぶつ》をたべます。でも，三令《さんれい》ぐらいになると肉食《にくしょく》が多《おお》くなり，ほかの虫《むし》をとらえてたべるようになります。

←タンポポのたねをたべるツユムシの幼虫《ようちゅう》。ツユムシもキリギリスのなかまですが，大《おお》きくなっても，花《はな》のしんやたねをたべつづけます。茶色《ちゃいろ》の一令幼虫《いちれいようちゅう》のからだは，やがて皮《かわ》ぬぎでみどり色《いろ》の幼虫《ようちゅう》にかわります。

●タンポポとキリギリスのなかまの幼虫《ようちゅう》

➡ヤブキリの脱皮《だっぴ》。草《くさ》につかまって、幼虫《ようちゅう》が皮《かわ》をぬぎはじめます。ヤブキリは、何度《なんど》も脱皮《だっぴ》して、約《やく》二か月間《げつかん》で成虫《せいちゅう》になります。

⬅最後《さいご》の脱皮《だっぴ》、羽化《うか》をするヒグラシ。セミの幼虫《ようちゅう》は何年《なんねん》も土《つち》の中《なか》でくらします。鳴《な》くしくみは、おなかの中《なか》にあり、コオロギやキリギリスとちがいます。

皮《かわ》ぬぎ（脱皮《だっぴ》）

雨《あめ》がふりつづきます。おいしげる草《くさ》むらで、コオロギやキリギリスの幼虫《ようちゅう》がそだちざかりです。皮《かわ》ぬぎをくりかえしながら、大《おお》きくなっていきます。

ヤブキリが、四回目《かいめ》の皮《かわ》ぬぎをはじめました。きゅうくつな皮《かわ》が、背中《せなか》からわれて、頭《あたま》があらわれます。小《ちい》さな三角形《さんかっけい》の羽《はね》は、まだ幼虫《ようちゅう》のしるしです。とげのはえた足《あし》と長《なが》い触角《しょっかく》は、ゆっくりと時間《じかん》をかけて、ひきぬきます。

つゆのはれまにてりつける太陽《たいよう》は、もう夏《なつ》のもの。ひと足《あし》さきに成虫《せいちゅう》になったセミが、鳴《な》きはじめます。

竹《たけ》づつの中《なか》にかれ草《くさ》をはこぶコクロアナバチ。かれ草《くさ》は巣部屋《すべや》をしきる材料《ざいりょう》です。

竹《たけ》づつの巣《す》にはこびこまれたツユムシの幼虫《ようちゅう》。じゃまになる長《なが》い触角《しょっかく》は、母親《ははおや》バチがはこぶまえに、くいちぎります。ハチの幼虫《ようちゅう》はウジムシ型《がた》で、ますいされてうごけないツユムシをたべます。

幼虫《ようちゅう》の敵《てき》・カリュウドバチ

草《くさ》むらには、鳴《な》く虫《むし》の幼虫《ようちゅう》をねらう敵《てき》がいろいろいます。小鳥《ことり》やクモ、カマキリ、カリュウドバチなどです。

コクロアナバチは、ツユムシの幼虫《ようちゅう》をおそうカリュウドバチです。えものをみつけると、おしりの針《はり》でおそいかかり、針《はり》の毒液《どくえき》でますいをします。うごけなくなったえものを、竹《たけ》づつの巣《す》にはこびこむと、えもののからだの表面《ひょうめん》に、たまごをうみつけます。

たまごからかえったハチの幼虫《ようちゅう》は、ますいされてうごけない、いきているツユムシをたべてそだちます。

コクロアナバチの幼虫《ようちゅう》➡

➡キリギリスのなかま、ヤブキリの羽化《うか》。成虫《せいちゅう》になるための皮《かわ》ぬぎを羽化《うか》といいます。成虫《せいちゅう》の羽《はね》は、幼虫《ようちゅう》のときとちがって大《おお》きな羽《はね》です。おしりの日本刀《にほんとう》のような管《くだ》は、めすのしるしです。おすは、ジーと大《おお》きな声《こえ》で鳴《な》きます。体長《たいちょう》は三十～四十ミリメートル。

キリギリスたちの季節《きせつ》

しげみのなかで、ヤブキリが最後《さいご》の皮《かわ》ぬぎをはじめました。幼虫《ようちゅう》の小《ちい》さな羽《はね》から、おりたたまれた羽《はね》が、ぬけでます。皮《かわ》をぬぐと、草《くさ》につかまって、そっとちぢんだ羽《はね》をのばします。

前羽《まえばね》は細《ほそ》い葉《は》のような形《かたち》で、後《うし》ろ羽《ばね》は、うすいまくのはば広《ひろ》い羽《はね》です。大《おお》きな羽《はね》をもつ、成虫《せいちゅう》のたんじょうです。

草《くさ》むらに、夏《なつ》の鳴《な》く虫《むし》、キリギリスたちの季節《きせつ》がやってきました。長《なが》い足《あし》で葉《は》をのぼり、しげみのなかからでてきた成虫《せいちゅう》が、草《くさ》むらの上《うえ》で、夏《なつ》の暑《あつ》さをうたいます。

⬇草《くさ》むらの上《うえ》で鳴《な》くキリギリス。ギー，チョン，ギーと，夏《なつ》の暑《あつ》さを，けだるくうたいます。きけんをかんじると，草《くさ》むらの下《した》へにげこみます。つかまると，後《うし》ろ足《あし》をもいでにげます。

●すみかとからだの形《かたち》

➡アシグロツユムシは，キリギリスのなかまで，イネににた細《ほそ》い葉《は》のような形《かたち》をしています。からだににた細《ほそ》い葉《は》の植物《しょくぶつ》がはえている草原《そうげん》で，よくみられます。細長《ほそなが》い足《あし》は，葉《は》の上《うえ》をわたりあるくためのものです。体長《たいちょう》2センチメートルほどで，プッン，プッンと鳴《な》きます。草《くさ》から草《くさ》へ，よくとんで移動《いどう》します。

⬇クツワムシもキリギリスのなかまで，林《はやし》のふちのはば広《ひろ》い葉《は》の草《くさ》がおいしげる草《くさ》むらにすんでいます。はば広《ひろ》い羽《はね》とからだは，まわりの葉《は》ににせた形《かたち》です。植物《しょくぶつ》をえさにたべています。夜《よる》，草《くさ》むらでガチャ，ガチャと鳴《な》くために，ガチャガチャともよばれています。体長《たいちょう》は約《やく》5センチメートル。

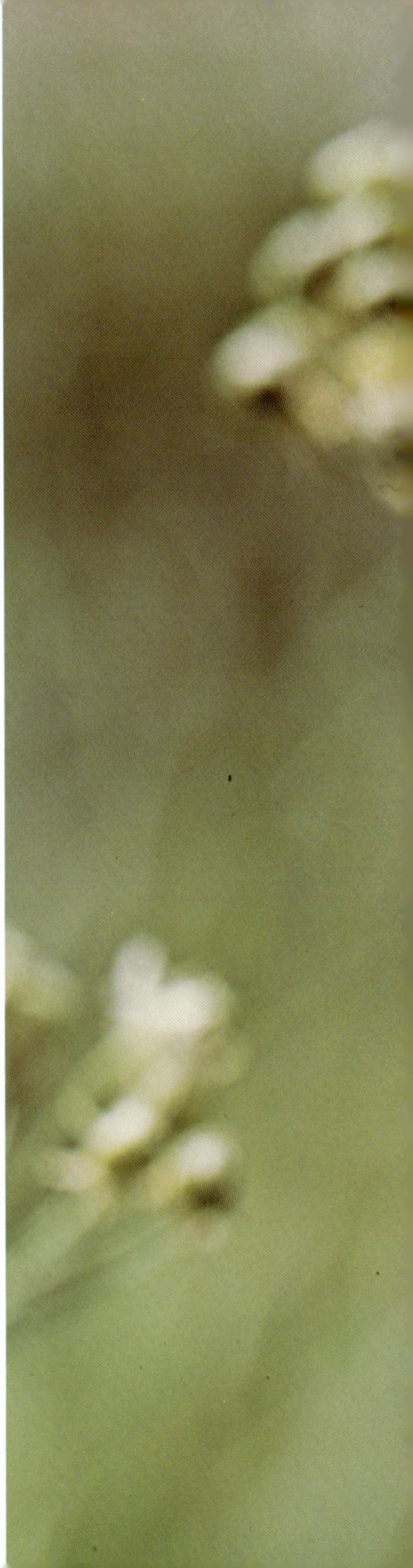

➡羽《はね》をひろげてとぶツユムシ。草《くさ》の上《うえ》でくらすツユムシは、たたんだ前羽《まえばね》が細長《ほそなが》いイネの葉《は》のようです。でも、移動《いどう》するときは、大《おお》きな後《うし》ろ羽《ばね》をひろげて、ひらひらとびます。

⬅しげみのなかのクツワムシ。ひかったり、ゆれたりする葉《は》のなかで、クツワムシの大《おお》きなからだもめだちません。羽《はね》の脈《みゃく》まで、葉《は》の葉脈《ようみゃく》ににています。

鳴《な》き声《ごえ》は草《くさ》むらの合図《あいず》

キリギリスのなかまは、からだの色《いろ》も形《かたち》も、まわりの植物《しょくぶつ》とそっくりです。クツワムシの羽《はね》は、クズの葉《は》ににた、はばの広《ひろ》い羽《はね》です。ツユムシのからだは、細長《ほそなが》いイネの葉《は》の形《かたち》ににています。

しげみのなかでは、虫《むし》のすがたが、ゆれたりひかったりする葉《は》にとけこんでどこにいるか、みわけがつきません。

鳴《な》く虫《むし》の鳴《な》き声《ごえ》は、みわけのつかない草《くさ》むらのなかで、自分《じぶん》たちのいる場所《ばしょ》をなかまにしらせる音《おと》の合図《あいず》です。

おすが草《くさ》むらのめすに、ぼくはここにいます、と鳴《な》いているのです。

⬆前羽《まえばね》をこすりあわせて鳴《な》くクツワムシ。鳴《な》くしくみは，前羽《まえばね》が背中《せなか》でかさなりあう部分《ぶぶん》にあります。

キリギリスのなかまの鳴《な》くしくみ

キリギリスの鳴《な》くしくみは、左右《さゆう》の前羽《まえばね》がかさなりあう部分《ぶぶん》にあります。上《うえ》にかさなる羽《はね》のうら側《がわ》には、羽《はね》の脈《みゃく》にやすりの歯《は》のようなぎざぎざがあり、下《した》の羽《はね》のふちには、まさつ片《へん》とよばれるかたい部分《ぶぶん》があります。

左右《さゆう》の羽《はね》をふるわせると、まさつ片《へん》がやすりをこすって音《おと》がでます。この音《おと》が、発音鏡《はつおんきょう》とよばれるうすいまくでしん動《どう》して、さらに大《おお》きくひびきます。

定規《じょうぎ》の角《かど》でくしの歯《は》をこすると、ジーッと音《おと》がします。キリギリスの羽《はね》のしくみもこれとおなじです。

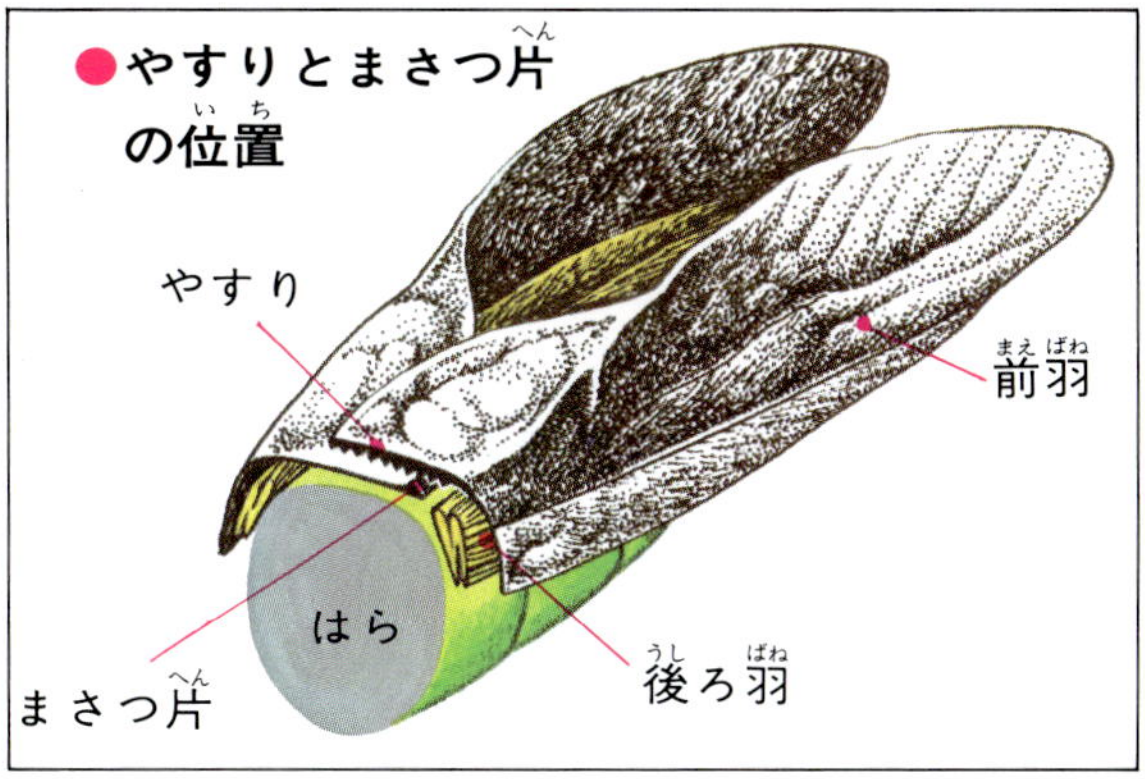
やすりとまさつ片《へん》
の位置《いち》
やすり
前羽《まえばね》
はら
まさつ片《へん》
後《うし》ろ羽《ばね》

羽《はね》のやすりを拡大《かくだい》したもの。キリギリスでは，左前羽《ひだりまえばね》の太《ふと》い脈《みゃく》のうら側《がわ》に約《やく》55個《こ》のやすりの歯《は》がならんでいます。

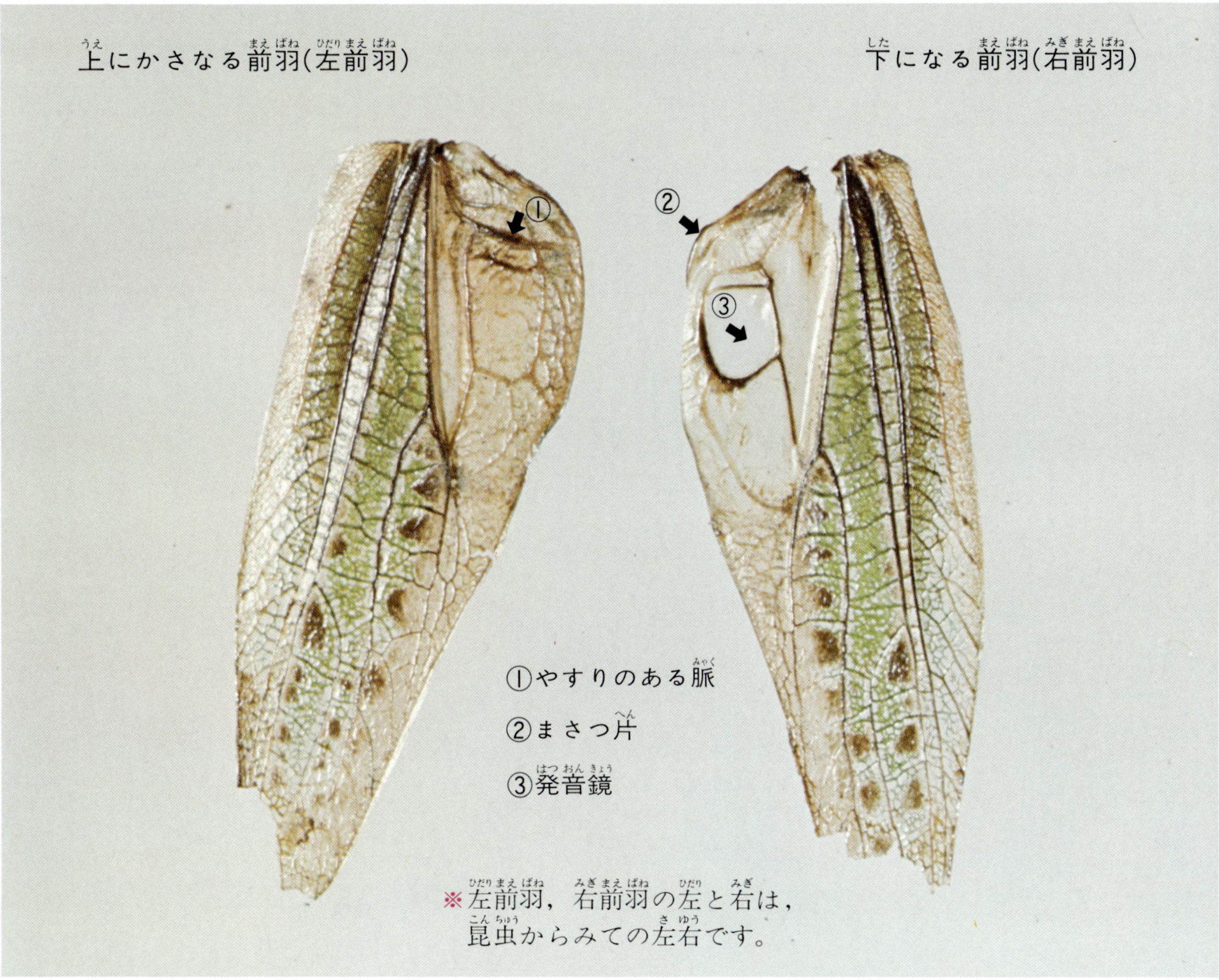
上《うえ》にかさなる前羽《まえばね》(左前羽《ひだりまえばね》)
下《した》になる前羽《まえばね》(右前羽《みぎまえばね》)
①
②
③
①やすりのある脈《みゃく》
②まさつ片《へん》
③発音鏡《はつおんきょう》

※左前羽《ひだりまえばね》，右前羽《みぎまえばね》の左《ひだり》と右《みぎ》は，昆虫《こんちゅう》からみての左右《さゆう》です。

↓たまごをうむキリギリスのめす。刀《かたな》のように長《なが》い産卵《さんらん》管《かん》を土《つち》につきさして，ひとつぶずつたまごをうみます。土《つち》の中《なか》にたまごをうむヤブキリやウマオイのめすも，刀《かたな》のような長《なが》い産卵管《さんらんかん》をもっています。

写真提供《しゃしんていきょう》・金井日出夫《かないひでお》

たまごをうむツユムシ。ツユムシのめすはうすい葉《は》の中《なか》に、そりかえったかま型《がた》の産《さん》卵管《らんかん》でたまごをうみこみます。

めすの仕事《しごと》

草《くさ》むらのなかで、鳴《な》き声《ごえ》をたよりに、おすとであっためすは、交尾《こうび》をすませると、やがてたまごをうみます。

キリギリスのめすは、土《つち》の中《なか》にたまごをうみます。おしりの刀《かたな》のような管《くだ》を、土《つち》にさしこんで、ひとつぶずつうみます。たまごは、土《つち》の中《なか》で、つぎの年《とし》の春《はる》までねむりつづけます。

ツユムシは、草《くさ》の上《うえ》だけでくらすなかまで、たまごも草《くさ》の上《うえ》でうみます。そりかえった、かまのような形《かたち》をした産卵管《さんらんかん》は、葉《は》の中《なか》にうすっぺらなたまごをうみこむためのものです。

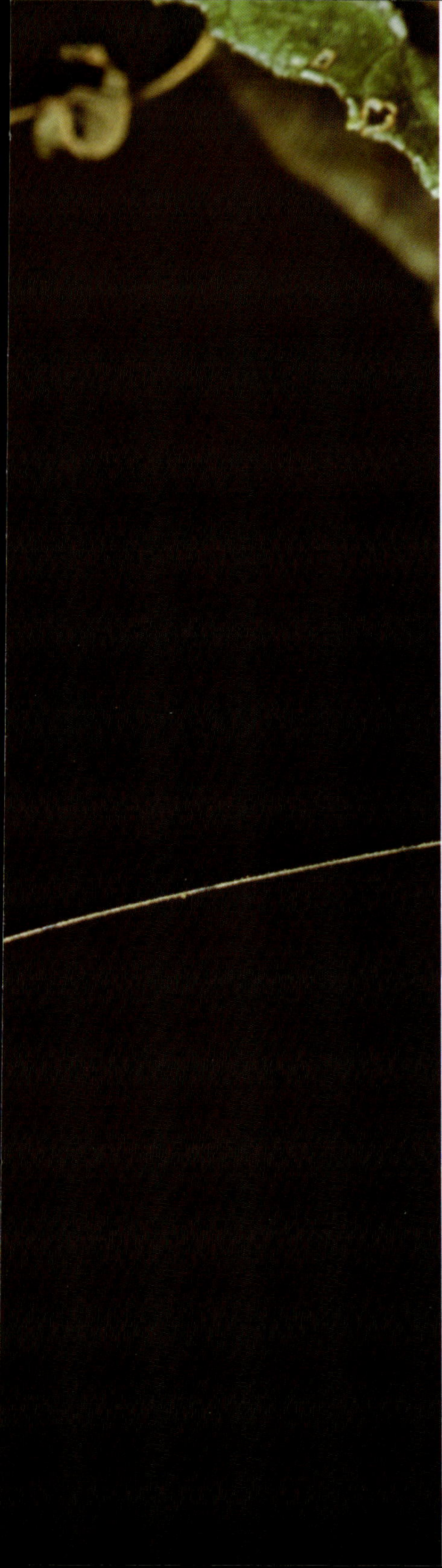

●食《た》べ物《もの》と足《あし》のとげ

肉食《にくしょく》をするキリギリスのなかまは，前足《まえあし》と中足《なかあし》に，長《なが》いとげがはえています。とげのはえた足《あし》で，ほかの虫《むし》をとらえ，がっしりとつかむことができます。虫《むし》をよくおそうウマオイやヤブキリの足《あし》は，とげがするどく長《なが》くなっています。

植物《しょくぶつ》だけをたべる，ツユムシやクツワムシには，長《なが》いとげがありません。キリギリスのなかまは，足《あし》のとげをみれば，食《た》べ物《もの》のちがいがわかります。

⬅ツユムシをとらえてたべるウマオイ。体長《たいちょう》は3センチメートルほどで，鳴《な》き声《ごえ》からスイッチョともよばれるキリギリスのなかま。

⬇とげのはえたキリギリスの前足《まえあし》。

バッタの鳴《な》くしくみ

草《くさ》がまばらな、かわいた草地《くさち》は小《ちい》さなバッタのすみかです。シリ、シリ、シリとヒナバッタが、いそがしそうに鳴《な》きたてます。

バッタの鳴《な》きかたは、キリギリスのなかまとちがいます。後《うし》ろ足《あし》で羽《はね》をこすって、音《おと》をだします。後《うし》ろ足《あし》の太《ふと》ももの内側《うちがわ》には、小《ちい》さなとげが一列《れつ》にならんでいます。足《あし》をうごかすたびに、とげが羽《はね》の脈《みゃく》にぶつかって音《おと》がでるのです。

草《くさ》や石《いし》のかげに、かくれてしまいそうな小《ちい》さなおすが、鳴《な》き声《ごえ》で

➡後《うし》ろ足《あし》で羽《はね》をこすって鳴《な》くヒロバネヒナバッタ。太《ふと》もものとげが羽《はね》の脈《みゃく》にぶつかって音《おと》がでます。

⬅ナキイナゴの後《うし》ろ足《あし》の太《ふと》ももを拡大《かくだい》。内側《うちがわ》にキノコ型《がた》のとげ（矢印《やじるし》）がならんでいるのがわかります。

めすにいる場所《ばしょ》をしらせます。

ススキのなかで、カシャ、カシャとかわいた音《おと》で鳴《な》くのは、ナキイナゴです。どちらも、小《ちい》さなバッタのなかまです。

➡道《みち》ばたの葉《は》の上《うえ》にでてきたフキバッタの成虫《せいちゅう》。フキバッタの成虫《せいちゅう》は、小《ちい》さな羽《はね》をもっていますが鳴《な》きません。

鳴《な》かないバッタ

バッタのなかには、鳴《な》かない種類《しゅるい》がずいぶんいます。

フキバッタも小《ちい》さな羽《はね》はもっていますが、鳴《な》かないバッタです。幼虫《ようちゅう》は、山《やま》や林《はやし》のなかのしめった草《くさ》むらですごし、成虫《せいちゅう》になると、おすもめすも、道《みち》ばたによくでてくるようになります。

フキバッタの産卵《さんらん》場所《ばしょ》は、山道《やまみち》などのはだかの地面《じめん》です。フキバッタは、産卵《さんらん》場所《ばしょ》にでてきて、なかまをみつけると考《かんが》えられています。

このように、鳴《な》かないバッタは、集《しゅう》合《ごう》場所《ばしょ》で、なかまをみつけるようです。

←産卵《さんらん》するフキバッタ。山道《やまみち》などのはだかの地面《じめん》が，フキバッタの産卵場所《さんらんばしょ》です。はらの先《さき》で土《つち》をほって，たまごをうみます。

↓交尾《こうび》するフキバッタ。上《うえ》がおす。鳴《な》かないフキバッタは，産卵場《さんらんば》所《しょ》の近《ちか》くまででてきて，なかまをみつけると考《かん》えられています。

➡秋《あき》をむかえた川原《かわら》で、白《しろ》い穂《ほ》をひろげたススキ。日《ひ》がしずむと、根《ね》もとから、コオロギたちがはいだします。

⬅エンマコオロギの成虫《せいちゅう》。くりくりした、かたい頭《あたま》とひらたいからだは、石《いし》の下《した》や草《くさ》の根《ね》もとにもぐりやすくできています。体長《たいちょう》は二十～二十五ミリメートル。

コオロギの季節《きせつ》

八月《がつ》も末《すえ》になると、草原《そうげん》をふく風《かぜ》は秋《あき》のもの。暑《あつ》さをうたっていたキリギリスの声《こえ》も、まばらになってきました。夜《よる》の川原《かわら》の草《くさ》むらは、コオロギたちの季節《きせつ》をむかえます。色《いろ》をなくした夜《よる》の草《くさ》むらは、かげの世界《せかい》。黒《くろ》っぽいコオロギのからだはめだちません。草《くさ》の根《ね》もとをはいまわり、やわらかな草《くさ》や、虫《むし》の死体《したい》など、なんでもたべます。

草《くさ》の根《ね》もとや、石《いし》の下《した》にもぐるコオロギは、かたい頭《あたま》とひらたいからだです。太《ふと》い後《うし》ろ足《あし》も、じゃまになるほど長《なが》くはありません。

↑あなから顔《かお》をだすエンマコオロギ。成《せい》虫《ちゅう》になったおすは，石《いし》の下《した》や草《くさ》の根《ね》もとのあなをすみかにします。このすみかの近《ちか》くに，ほかのおすはよせつけません。あなの近《ちか》くは，もち主《ぬし》だけのなわばりです。

→なわばりをうたうエンマコオロギ。あなの外《そと》で，羽《はね》をたてておすが鳴《な》きます。コロコロリリリリ……。なわばりをしめす鳴《な》きかたです。ほかのおすには，「ここは，ぼくのなわばりだ。近《ちか》づくな！」という合図《あいず》です。でも，めすには，暗《くら》やみのなかで，「ぼくは，ここにいます。」という合図《あいず》です。

➡たてた羽《はね》とはらのすきまで，音《おと》が共鳴《きょうめい》して，大《おお》きくひびきます。
⬇コオロギのなかまは上《うえ》にかさなる，右前羽《みぎまえばね》のうらにやすりがあります。

かく声器《せいき》と耳《みみ》

コオロギも、キリギリスとおなじように、羽《はね》にあるやすりとまさつ片《へん》をこすりあわせて、音《おと》をだします。

でも、コオロギのなかまは、羽《はね》をたてて鳴《な》きます。発音鏡《はつおんきょう》のしん動《どう》ででた音《おと》を、羽《はね》とはらのすきまで、さらに大《おお》きくひびかせるためです。たてた羽《はね》がかく声器《せいき》の役目《やくめ》をしているのです。

コオロギの耳《みみ》※は、前足《まえあし》がひじのようにまがった下《した》にあります。白《しろ》いこまくがみえる、小《ちい》さなあなです。暗《くら》やみのなかで活動《かつどう》するコオロギは、この耳《みみ》で音《おと》の方向《ほうこう》をさぐることができるのです。

※キリギリスのなかまも、耳《みみ》は前足《まえあし》にあります。バッタのなかまは、後《うし》ろ足《あし》のつけね近《ちか》くのはらの両側《りょうがわ》にあります。

➡コオロギの耳《みみ》。耳《みみ》は前足《まえあし》の外《そと》側《がわ》(右《みぎ》)と内側《うちがわ》(左《ひだり》)にあいている小《ちい》さなあなです。白《しろ》いこまくがのぞいています。

⬇音《おと》の方向《ほうこう》をさぐるエンマコオロギ。左右《さゆう》の前足《まえあし》にある耳《みみ》で音《おと》の方向《ほうこう》をさぐります。

⬆めすをさそうエンマコオロギのおす(左《ひだり》)。コロコロリーと，やさしいかんじで鳴《な》きます。

鳴《な》きかたのちがい

コロコロリリリと鳴《な》いていたエンマコオロギの鳴《な》きかたが、かわるときがあります。

コロコロリーと、おわりをのばして、やさしく鳴《な》くのは、近《ちか》くになかまがやってきたからです。これは、めすをさそうときの鳴《な》きかたです。

でも、ちかづいたのがおすだとわかるとキリッキリッと、短《みじか》くするどい鳴《な》き声《ごえ》でおいはらいます。

おすとうまくであっためすは、交《こう》尾《び》をすませると、やがて針《はり》のような管《くだ》で土《つち》の中《なか》にたまごをうみつけます。

⬅土《つち》の中《なか》にたまごをうむめす。針《はり》のような産卵管《さんらんかん》をさして，1個《こ》ずつたまごをうみこみます。

⬇交尾《こうび》するエンマコオロギ。めすが6本《ぼん》の足《あし》で，しっかりとおすの上《うえ》にのると，交尾《こうび》がはじまります。

➡水《みず》の中《なか》にかくれたツヅレサセコオロギ。石《いし》をつたって，水《みず》の中《なか》にもぐります。体長約《たいちょうやく》18ミリ。

⬇およいでにげるエンマコオロギ。コオロギのなかまは，ひらたいからだをうかせておよぎます。

敵《てき》におそわれて

夜《よる》の暗《くら》やみのなかでは、地面《じめん》と水《みず》たまりの区別《くべつ》がつきません。物音《ものおと》におどろいてとびはねたコオロギが、まちがって水《みず》たまりにおちてしまいました。

でも、だいじょうぶです。コオロギは、ひらたいからだを水《みず》にうかせて、じょうずにおよぎます。ツヅレサセコオロギは、水《みず》にもぐってかくれることもあります。

秋《あき》が深《ふか》まりすずしくなると、昼《ひる》もコオロギが鳴《な》くようになります。なかには、はやにえづくりをする、モズのえじきになってしまうものもいます。

←モズのはやにえにされたエンマコオロギ。モズがかれえだにさしておく虫《むし》は、冬《ふゆ》にそなえる食《た》べ物《もの》と考《かんが》えられています。

⬇羽《はね》をたてて鳴《な》くスズムシのおす。リィー，リィーと，すんだ声《こえ》で鳴《な》きます。スズムシは，地面《じめん》の上《うえ》やススキのくき，林《はやし》の木《き》のみきを根《ね》ぎわからのぼったところで鳴《な》きます。体長《たいちょう》は15ミリメートル。

↑自分《じぶん》のたべた葉《は》のあなから，身《み》をのりだして鳴《な》くカンタン。

↑草《くさ》や木《き》の葉《は》の上《うえ》でくらすカンタン。体長《たいちょう》は18ミリメートル。

スズムシとカンタン

背《せ》の高《たか》いヨモギやススキが、深《ふか》い草《くさ》むらをつくります。日《ひ》がくれると、ススキの根《ね》もとでスズムシが鳴《な》きます。羽《はね》をたててすんだ声《こえ》でリィー、リィーと鳴《な》くスズムシは、コオロギのなかまです。黒《くろ》っぽいからだで、深《ふか》い草《くさ》むらの下《した》の地面《じめん》をはいまわります。

ヨモギやハギの上《うえ》で鳴《な》いているのは、カンタンです。ルル……、とうたいつづけます。長《なが》い足《あし》とみどり色《いろ》のからだは、草《くさ》の上《うえ》でくらすためです。めったに地面《じめん》にはおりません。カンタンは、草《くさ》の上《うえ》でくらすコオロギのなかまです。

➡えだにたまごをうむカネタタキのめす。皮《かわ》のさけめを利用《りよう》して、産卵管《さんらんかん》をさしこみます。

カネタタキ

チン、チン、チン……。庭《にわ》のいけがきのなかでカネタタキが鳴《な》いています。

カネタタキは、かん木《ぼく》の上《うえ》でくらすコオロギのなかまです。ひらたいからだで葉《は》のすきまをはいまわり、たまごも、木《き》のえだにうみこみます。

ぎっしりしげった葉《は》のすきまでは、羽《はね》はじゃまになります。カネタタキのめすには、まったく羽《はね》がありません。

でも、おすには、小《ちい》さな羽《はね》がのこっています。鳴《な》くためだけの羽《はね》です。葉《は》のしげみのなかで、ぼくはここにいます、とその小《ちい》さな羽《はね》でうたうのです。

⬇えだをはうカネタタキのおす。おすは，うろこのような小《ちい》さな羽《はね》をたてて鳴《な》きます。カネタタキは，ツツジやアオキなどのかん木《ぼく》にすむ，体長《たいちょう》8ミリメートルほどの小《ちい》さな鳴《な》く虫《むし》です。

●羽《はね》をたてて鳴《な》く，カネタタキのおす。

草《くさ》むらの夜《よる》は、鳴《な》く虫《むし》の声《こえ》でうまりました。
ことしかぎりの命《いのち》をうたっています。
目《め》をとじて、きいてごらんなさい。
ずーっと、遠《とお》いむかしから、
うたいつづけてきた、季《き》節《せつ》のうたです。

←「ほら、鳴《な》いていますよ。」と、子《こ》どもに鳴《な》く虫《むし》をみせる母親《ははおや》。このように、むかしの人《ひと》びとも、秋《あき》のよいは、虫《むし》の声《こえ》をたのしみました。（鈴木春信作《すずきはるのぶさく》「虫《むし》かごをもつ母《はは》と子《こ》」より）

＊鳴《な》く虫《むし》とわたしたちのくらし

わたしたちの国《くに》では、むかしから鳴《な》く虫《むし》を、絵《え》にかいたり歌《うた》にうたったり、また、声《こえ》をきく会《かい》をひらいたりして、鳴《な》く虫《むし》にしたしんできました。

江戸時代《えどじだい》には、虫屋《むしや》さんが屋台《やたい》をかついで、鳴《な》く虫《むし》をうりあるきました。なかでも、すんだ声《こえ》で鳴《な》くスズムシやマツムシが人気者《にんきもの》で、竹《たけ》でできた虫《むし》かごにいれて、その鳴《な》き声《ごえ》に夜《よる》をすずみました。スズムシを飼育《しいく》して、ふやせるようになったのも、江戸時代《えどじだい》のことです。

いまでは、飼育《しいく》や観察《かんさつ》の技術《ぎじゅつ》がすすみ、生物学《せいぶつがく》の研究《けんきゅう》にもつかわれています。進化《しんか》や行動《こうどう》のしくみをしらべるためのだいじな生《い》き物《もの》です。鳴《な》く虫《むし》は、多《おお》くの研究所《けんきゅうじょ》で、一年中《ねんじゅう》飼《か》われています。

このように、遠《とお》いむかしからわたしたちをたのしませ、また研究《けんきゅう》に役立《やくだ》っている鳴《な》く虫《むし》ですが、その声《こえ》は、いまも少《すこ》しもかわっていません。自然《しぜん》がくれた、夏《なつ》から秋《あき》にかけてのおくりものです。

●バッタのなかまのとくちょう

トノサマバッタ

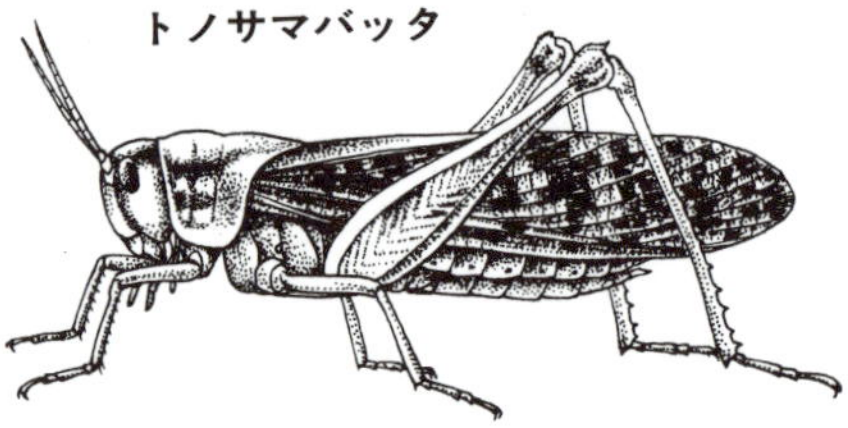

からだ全体《ぜんたい》が，円筒形《えんとうけい》をしています。頭《あたま》と胸《むね》の部分《ぶぶん》は，よろいのようにかたく，顔《かお》の形《かたち》は，長方形《ちょうほうけい》に近《ちか》い形《かたち》です。

触角《しょっかく》は短《みじか》く，とびはねるための，じょうぶな後《うし》ろ足《あし》をもっています。

●キリギリスのなかまのとくちょう

からだは，マッチばこを横向《よこむ》きにたてたときのように，左右《さゆう》からおされた，へん平《ぺい》な形《かたち》をしています。

長《なが》い触角《しょっかく》と長《なが》い足《あし》をもち，からだの色《いろ》は，みどり色《いろ》のものが多《おお》くみられます。

ヤブキリ

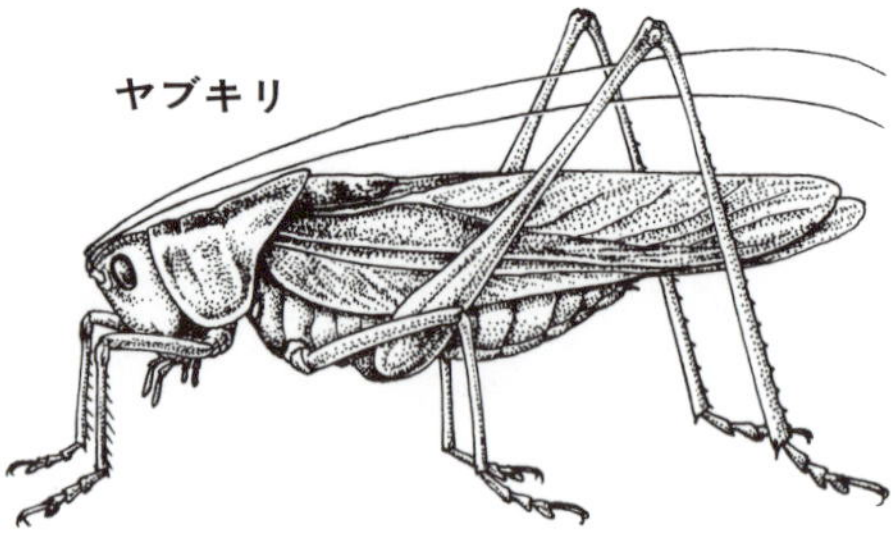

コオロギやキリギリスは、直翅類《ちょくしるい》とよばれるグループの昆虫《こんちゅう》です。とびはねるための、大《おお》きな後《うし》ろ足《あし》がとくちょうです。バッタやケラも、直翅類《ちょくしるい》のなかまです。

おなじなかまでも、よくみると、種類《しゅるい》によって、からだの形《かたち》がずいぶんちがいます。すんでいる場所《ばしょ》や、くらしかたがちがうからです。

草《くさ》のしげみでくらすキリギリスは、長《なが》い足《あし》をつかって、葉《は》の上をわたりあるきます。コオロギは、ひらたいからだとかたい頭《あたま》で、草《くさ》の根《ね》もとにもぐりこみます。土《つち》の中《なか》でくらすケラは、前足《まえあし》が土《つち》をほるシャベルのような形《かたち》をしています。

からだの色《いろ》や形《かたち》、足《あし》の大《おお》きさや顔《かお》の形《かたち》、どれもみんな、それぞれの虫《むし》のくらしとすみかにあった、色《いろ》やつくりをしています。鳴《な》く虫《むし》の身体《しんたい》けんさをして、どんな形《かたち》が、どんなくらしに役立《やくだ》っているかをしらべてみませんか。ルーペをつかって、からだの小《ちい》さな部分《ぶぶん》のつくりものぞいてみましょう。

ケラのとくちょう

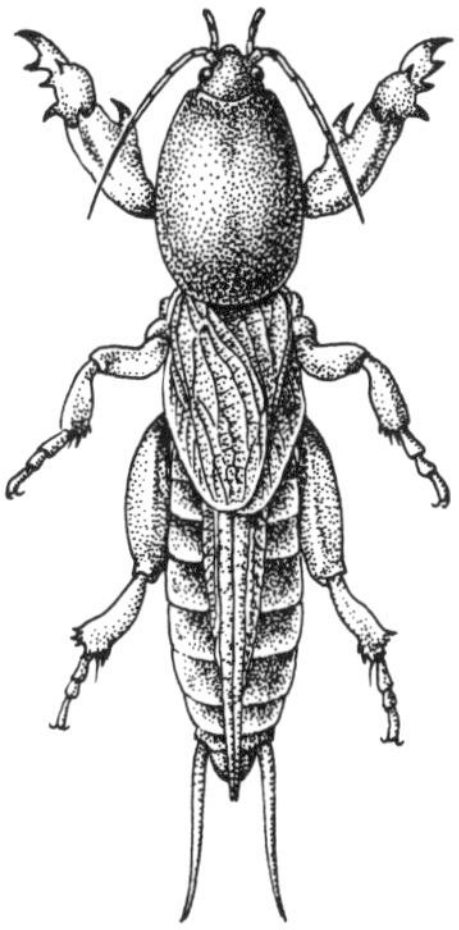

ケラ

ケラは，土《つち》の中《なか》にあなをほってくらす鳴《な》く虫《むし》です。春《はる》と秋《あき》に地《ち》下《か》のトンネルで，おすもめすもビーと鳴《な》きます。

頭《あたま》と胸《むね》の部《ぶ》分《ぶん》は，土《つち》にもぐりやすいたまご形《がた》をしています。前《まえ》足《あし》は，土《つち》をほりやすい形《かたち》になっています。

コオロギのなかまのとくちょう

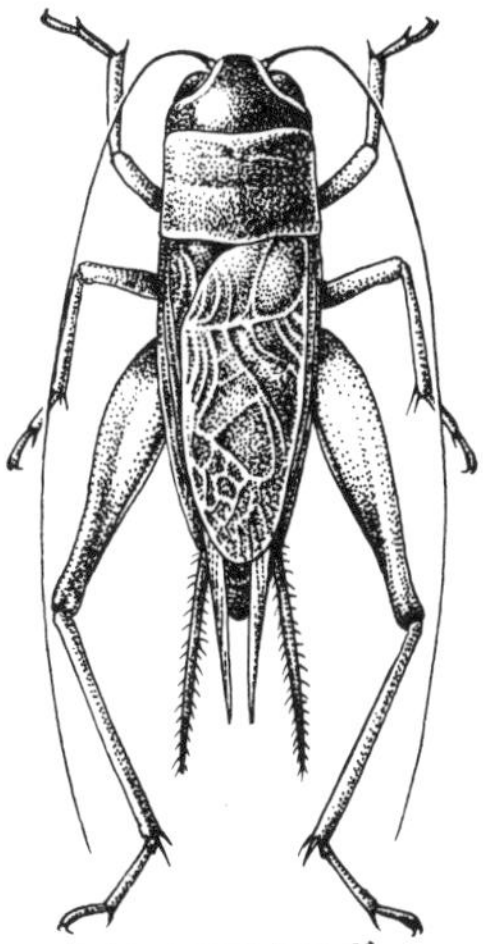

エンマコオロギ

からだ全《ぜん》体《たい》の形《かたち》はひらたく，色《いろ》も黒《くろ》っぽいものが多《おお》くみられます。

まるみをおびた前《まえ》羽《ばね》をもち，背《せ》中《なか》の上《うえ》にぴったりとかさねています。頭《あたま》には長《なが》い触《しょっ》角《かく》をもち，しりにも長《なが》い尾《び》毛《もう》をもっています。

コオロギのなかまは，羽《はね》をたてて鳴《な》きます。

エンマコオロギのからだ(おす)

後《うし》ろ羽《ばね》 とぶための羽《はね》で，スズムシの後《うし》ろ羽《ばね》は，羽《う》化《か》直《ちょく》後《ご》にとれておちる。
前《まえ》羽《ばね》（キリギリスやコオロギの鳴《な》くしくみは前《まえ》羽《ばね》にある。左《さ》右《ゆう》の羽《はね》のかさなりかたは，キリギリスのなかまと，コオロギのなかまでは反《はん》対《たい》になっている。）
尾《び》毛《もう》 触《しょっ》角《かく》とおなじように，あたりの気《け》配《はい》をかんじるアンテナの役《やく》目《め》をする。
前《まえ》胸《むね》
頭《あたま》
触《しょっ》角《かく》
複《ふく》眼《がん》
耳《みみ》
前《まえ》足《あし》
口《くち》
中《なか》足《あし》
はら
後《うし》ろ足《あし》

＊鳴《な》く虫《むし》の地図《ちず》をつくろう

鳴《な》き声《ごえ》をたよりに、どこで、どんな種類《しゅるい》の虫《むし》が鳴《な》いているか、しらべてみませんか。種《しゅ》類《るい》によって、すんでいる場所《ばしょ》がちがいます。

草《くさ》むらの背《せ》たけのちがい、植物《しょくぶつ》の種類《しゅるい》、しめった場所《ばしょ》やかわいた場所《ばしょ》、葉《は》の上《うえ》や草《くさ》の根《ね》もとなど、虫《むし》の種類《しゅるい》で、すきな場所《ばしょ》がきまっています。よくしらべて、鳴《な》く虫《むし》がすんでいる場所《ばしょ》の地図《ちず》をつくってみましょう。つぎの観察《かんさつ》や採集《さいしゅう》のときに、とても役《やく》に立《た》ちます。

▲ショウリョウバッタ

（とぶとき前羽《まえばね》と後ろ羽《うしばね》をこすりあわせて，チキ，チキ，チキと音《おと》をたてる）

▲ウマオイ

（スィー，チョン）

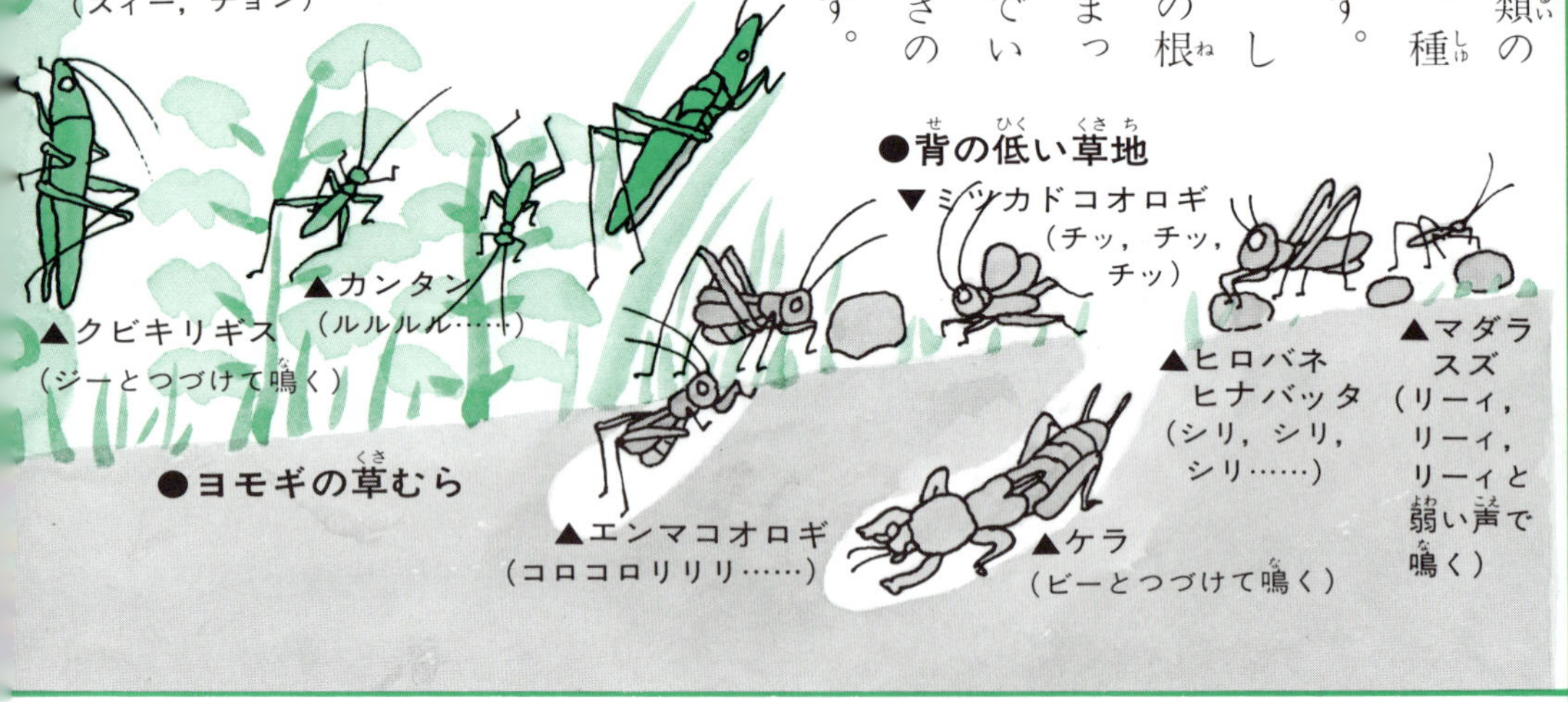
▼ショウリョウバッタ
▲カンタン
（ルルルルル……）
▲クビキリギス
（ジーとつづけて鳴《な》く）
●ヨモギの草《くさ》むら
●背《せ》の低《ひく》い草地《くさち》
▼ミツカドコオロギ
（チッ，チッ，チッ）
▲ヒロバネヒナバッタ
（シリ，シリ，シリ……）
▲マダラスズ
（リーィ，リーィ，リーィと弱《よわ》い声《こえ》で鳴《な》く）
▲エンマコオロギ
（コロコロリリリ……）
▲ケラ
（ビーとつづけて鳴《な》く）

●アオマツムシ

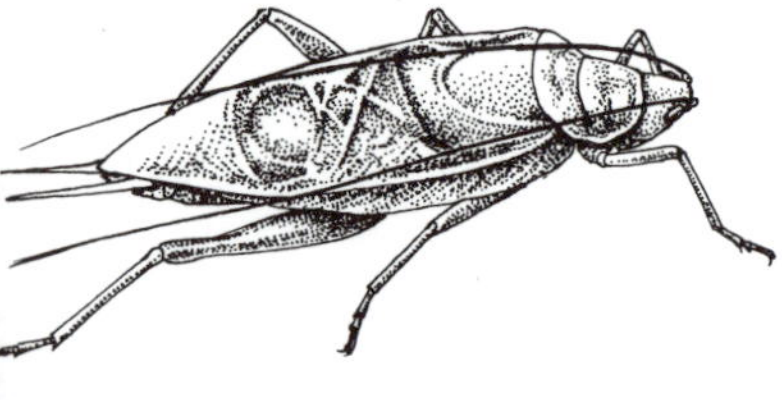

木《き》の上《うえ》で鳴《な》くコオロギのなかま。体《たい》長約《ちょうやく》25ミリメートルでみどり色《いろ》。外《がい》国《こく》からもちこまれた鳴《な》く虫《むし》。

●ミツカドコオロギ

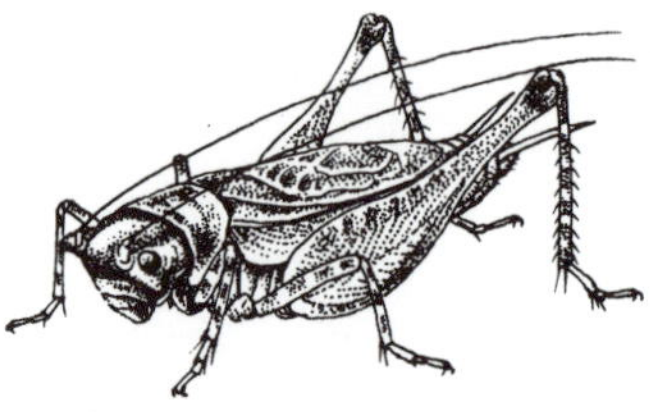

体長《たいちょう》15～20ミリメートル。おすの顔《かお》は，三角形《さんかっけい》でひらたい。

●マダラスズ

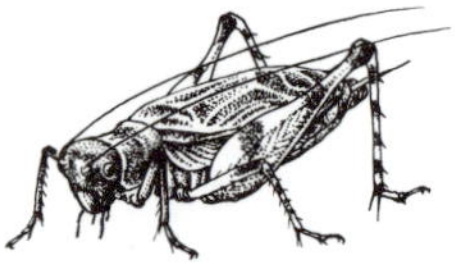

コオロギのなかま。体《たい》長約《ちょうやく》6ミリメートル。足《あし》に黒《くろ》と白《しろ》のまだらがある。年《ねん》2回《かい》（6月《がつ》と8月《がつ》ごろ）発生《はっせい》する。

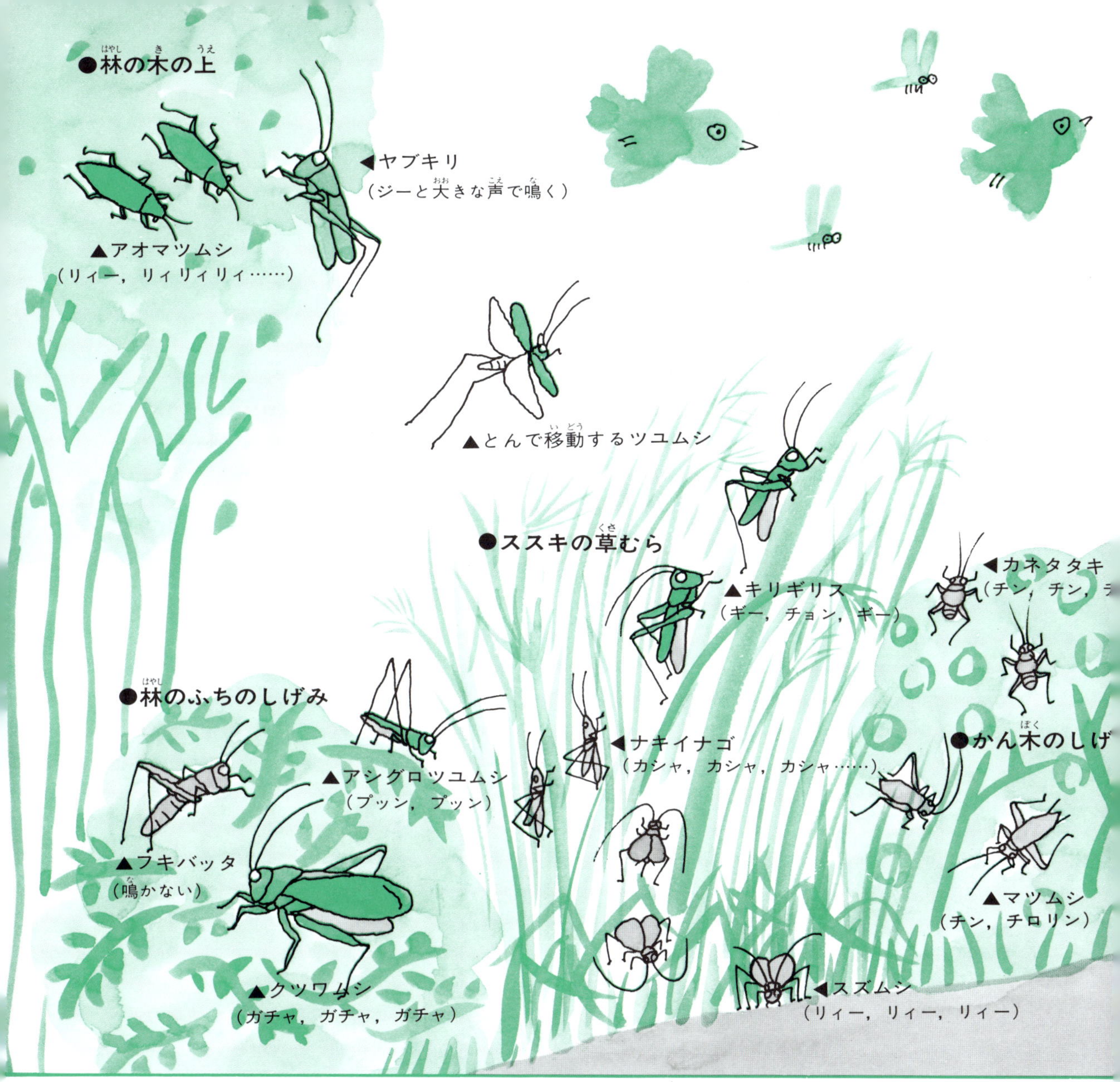

●林《はやし》の木《き》の上《うえ》
◀ヤブキリ
（ジーと大《おお》きな声《こえ》で鳴《な》く）
▲アオマツムシ
（リィー，リィリィリィ……）
▲とんで移動《いどう》するツユムシ
●ススキの草《くさ》むら
▲キリギリス
（ギー，チョン，ギー）
◀カネタタキ
（チン，チン，チ
●林《はやし》のふちのしげみ
▲アシグロツユムシ
（プッン，プッン）
◀ナキイナゴ
（カシャ，カシャ，カシャ……）
●かん木《ぼく》のしげ
▲フキバッタ
（鳴《な》かない）
▲マツムシ
（チン，チロリン）
▲クツワムシ
（ガチャ，ガチャ，ガチャ）
◀スズムシ
（リィー，リィー，リィー）

●クビキリギス

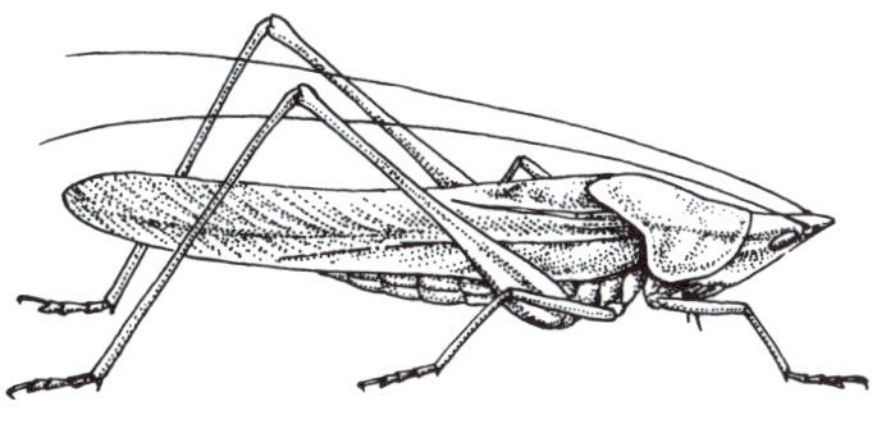

キリギリスのなかま。成虫《せいちゅう》で冬《ふゆ》をこして春《はる》に鳴《な》く。体長約《たいちょうやく》6センチメートル。

●ナキイナゴ

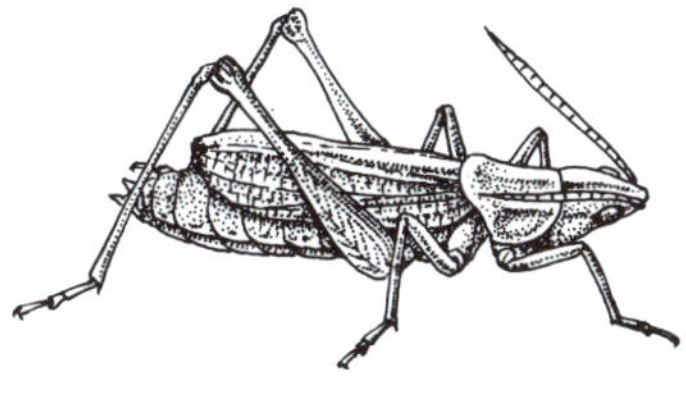

6～7月《がつ》ごろ，ススキの草《くさ》むらで鳴《な》く小型《こがた》のバッタのなかま。体長《たいちょう》2～3センチメートル。

●マツムシ

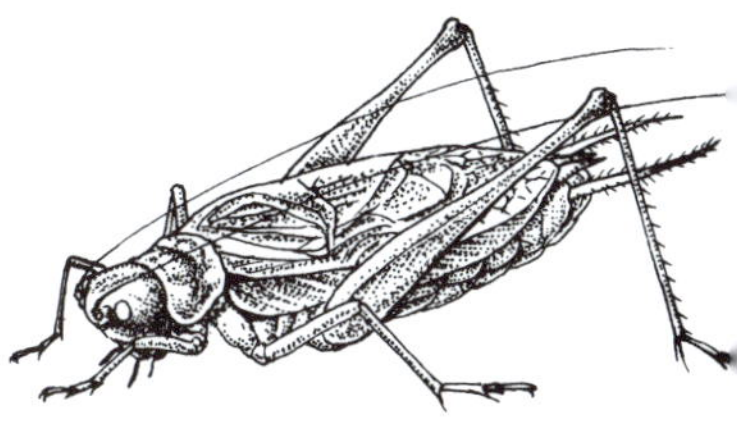

コオロギのなかま。体長約《たいちょうやく》25ミリメートルのうす茶色《ちゃいろ》の鳴《な》く虫《むし》。

●夜《よる》の採集《さいしゅう》に必要《ひつよう》な道具《どうぐ》

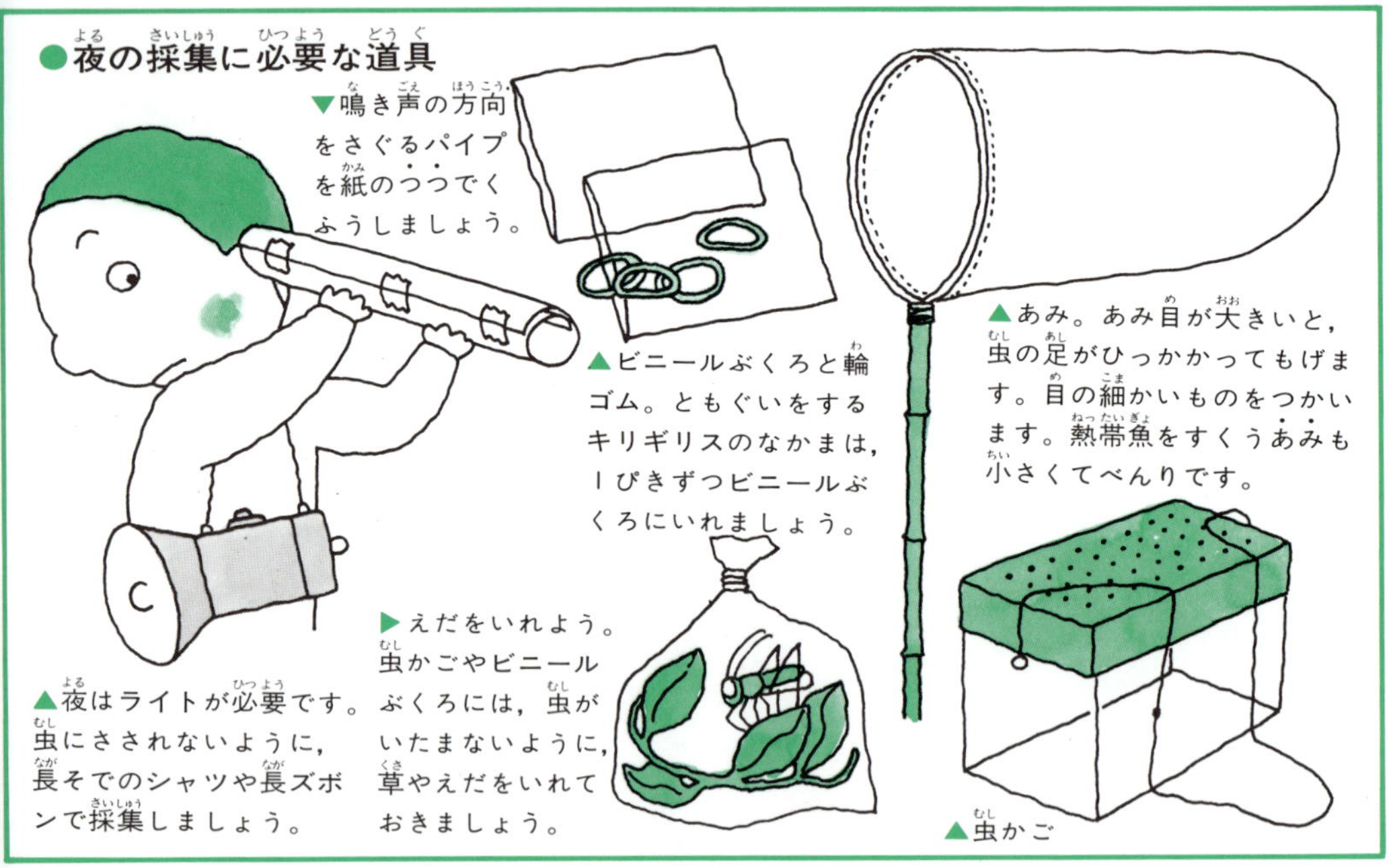

▼鳴《な》き声《ごえ》の方向《ほうこう》をさぐるパイプを紙《かみ》のつつでくふうしましょう。

▲ビニールぶくろと輪《わ》ゴム。ともぐいをするキリギリスのなかまは，1ぴきずつビニールぶくろにいれましょう。

▲あみ。あみ目《め》が大《おお》きいと，虫《むし》の足《あし》がひっかかってもげます。目《め》の細《こま》かいものをつかいます。熱帯魚《ねったいぎょ》をすくうあみも小《ちい》さくてべんりです。

▲夜《よる》はライトが必要《ひつよう》です。虫《むし》にさされないように，長《なが》そでのシャツや長《なが》ズボンで採集《さいしゅう》しましょう。

▶えだをいれよう。虫《むし》かごやビニールぶくろには，虫《むし》がいたまないように，草《くさ》やえだをいれておきましょう。

▲虫《むし》かご

昼《ひる》間《ま》の鳴《な》く虫《むし》は、みどりの葉《は》がかくし、夜《よる》の鳴《な》く虫《むし》は、暗《くら》やみがかくすので、なかなかみつかりません。

鳴《な》く虫《むし》の採《さい》集《しゅう》は、声《こえ》がたよりです。声《こえ》をさぐる道具《どうぐ》をくふうしましょう。それには紙《かみ》で長《なが》いつつをつくると便利《べんり》です。そうじ機《き》のパイプも利用《りよう》できます。つつの片方《かたほう》の口《くち》を耳《みみ》にあてて、声《こえ》の方向《ほうこう》をさぐります。いちばん強《つよ》くきこえる方向《ほうこう》に、虫《むし》がかくれています。その方向《ほうこう》を、そっとのぞいてごらんなさい。

あわててつかまえようとすると、虫《むし》はにげてしまいます。心《こころ》をおちつけて、少《すこ》し観察《かんさつ》してみましょう。近《ちか》くに、めすがいるかもしれません。観察《かんさつ》がおわったら、すばやくつかまえましょう。

つかまえた虫《むし》は、できたら、一ぴきずつ、ビニールぶくろにいれましょう。なんびきもいれると、ひげや足《あし》がちぎれたり、とも食《ぐ》いをすることがあります。

鳴《な》く虫《むし》も、自然《しぜん》のなかのだいじな一員《いちいん》です。必要以《ひつようい》上《じょう》にとりすぎないように、気《き》をつけましょう。

えさはネギの白《しろ》い
部分《ぶぶん》をつかいます

●キリギリスつり

キリギリスをみつけたら，手《て》でつかむのがいちばんですが，深《ふか》い草《くさ》むらでは，そうはいきません。草《くさ》がじゃまをします。草《くさ》むらのなかへ，がさがさはいっていくと，手《て》がとどかないうちににげられてしまいます。

こんなときは，ネギをつかうとキリギリスつりができます。ぼうの先《さき》に糸《いと》をつけ，糸《いと》の先《さき》のえさにはネギ（タマネギでもよい）をむすびつけます。糸《いと》につるしたえさを，キリギリスのそばにちかづけます。

キリギリスがネギにのりうつったら，そっとつりあげます。草《くさ》がじゃましないところまでもってきて，キリギリスをつかまえます。

野《や》さいやスイカの皮《かわ》をつかったわなもためしてみよう
くち木《き》にはスズムシがあつまっています

●コオロギ・スズムシのわな

夜《よる》のあいだに，コオロギが鳴《な》いている場所《ばしょ》の，けんとうをつけておきます。つぎの日《ひ》，石《いし》やかれ木《き》の下《した》をさがしてみましょう。きっと，コオロギがもぐっています。

もぐりこむ性質《せいしつ》を利用《りよう》して，わらやかれ草《くさ》のわなをしかけてみましょう。コオロギが鳴《な》いている場所《ばしょ》に，わらやかれ草《くさ》をつみあげておきます。コオロギがもぐりこみます。

スズムシが鳴《な》いているところには，くち木《き》や太《ふと》いえだを，そっとおいておきます。つぎの日《ひ》，静《しず》かに，くち木《き》やかれえだの下《した》をのぞいてみましょう。スズムシがかくれています。

ポン，ポン，ポン

●カネタタキのはたきおとし

カネタタキは，かん木《ぼく》のしげみでくらす小《ちい》さな鳴《な》く虫《むし》です。びっしりとはえた葉《は》やえだがじゃまして，あみも手《て》もつかえません。鳴《な》いている場所《ばしょ》のけんとうがついても，小《ちい》さな虫《むし》なので，なかなかみつかりません。

そんなときは，洗面器《せんめんき》とコップをつかって，採集《さいしゅう》してみましょう。カネタタキが鳴《な》いているえだの下《した》に洗面器《せんめんき》をもっていき，上《うえ》からそっとえだをはたきます。するとカネタタキが，洗面器《せんめんき》のなかにおちてきます。

洗面器《せんめんき》におちたカネタタキは，コップをかぶせてつかまえます。

●キリギリスのなかまの飼《か》いかた

キリギリスのなかまは，虫《むし》かごで１ぴきずつ飼《か》いましょう。１ぴきの方《ほう》がよく鳴《な》きます。なんびきもいっしょに飼《か》うと，けんかをしたり，とも食《ぐ》いをします。

えさはリンゴ，キュウリ，カボチャなどの野菜《やさい》やくだものです。よく肉食《にくしょく》をするものには，ニボシやけずりぶしをくわえてやりましょう。

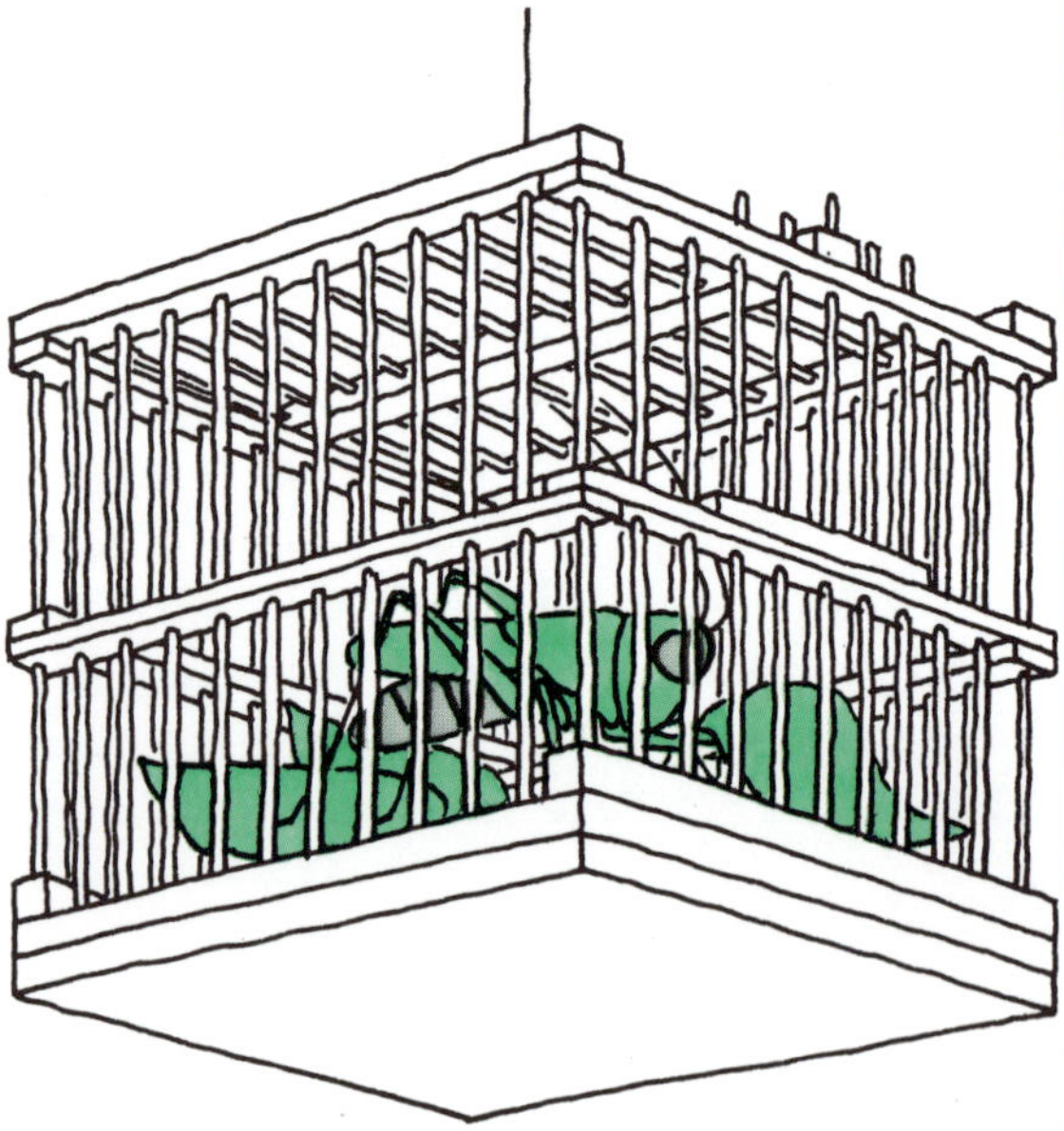

鳴《な》く虫《むし》をそだてて、きれいな声《こえ》をきいてみませんか。とう明《めい》な飼育《しいく》ケースなら、虫《むし》のくらしも観察《かんさつ》できます。

じょうずな飼《か》いかたのこつは、ひとつのケースで、たくさんの虫《むし》をいっしょにかわないことです。鳴《な》く虫《むし》のなかには、とも食《ぐ》いをするものがいるからです。

また、毎日《まいにち》わすれずに世話《せわ》をすることです。食《た》べのこしのえさは、カビがはえたり、病気《びょうき》のもとになります。毎日《まいにち》、古《ふる》いえさをすてて、新《しん》せんなえさととりかえてやりましょう。

どんな食《た》べ物《もの》をやっていいかわからない虫《むし》には、水《みず》につけてやわらかくしたニボシと、リンゴの両方《りょうほう》をやります。よくたべる方《ほう》が、その虫《むし》のえさです。でも、リンゴはいつもいれておきましょう。虫《むし》たちのだいじな水分《すいぶん》になるのですから。

虫《むし》は、風通《かぜとお》しのよい、日《ひ》かげで飼《か》いましょう。ケースの土《つち》がかわかないように、ときどきスポイトで数《すう》てきほどの水《みず》を、おとすこともわすれないでください。

スズムシの飼《か》いかた

入《い》れ物《もの》は，金魚《きんぎょ》ばちやプラスチックのケースなどを利用《りよう》します。底《そこ》には土《つち》をいれ，かくれたり羽化《うか》するために必要《ひつよう》な，かれえだをいれてやります。えさはかびがはえないように，くしにさします。動物質《どうぶつしつ》のえさが不足《ふそく》すると，とも食《ぐ》いをすることがあるので，注意《ちゅうい》しましょう。

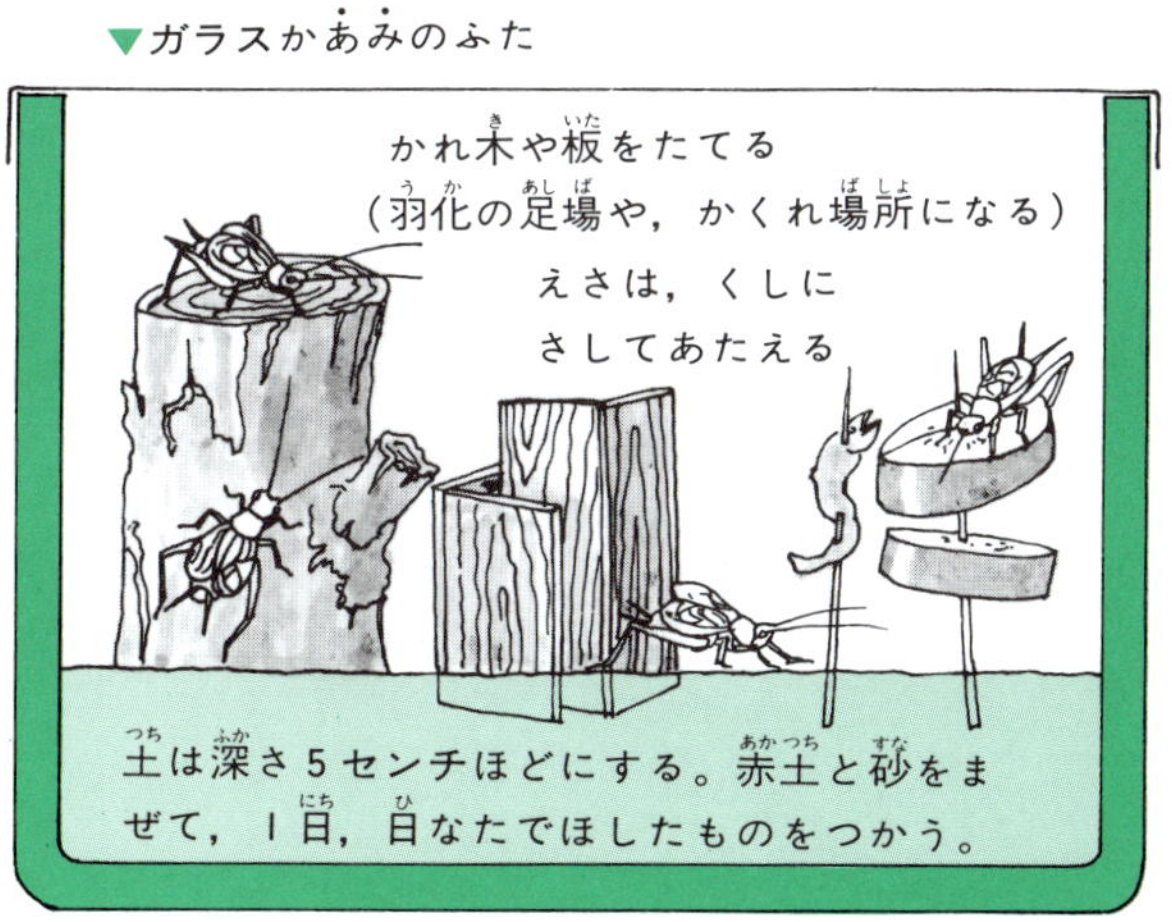
▼ガラスかあみのふた
かれ木《き》や板《いた》をたてる
（羽化《うか》の足場《あしば》や，かくれ場所《ばしょ》になる）
えさは，くしにさしてあたえる
土《つち》は深《ふか》さ5センチほどにする。赤土《あかつち》と砂《すな》をまぜて，1日《にち》，日《ひ》なたでほしたものをつかう。

ナスやキュウリなどの野《や》さい　　ニボシ

コオロギの飼《か》いかた

コオロギは，スズムシとおなじ飼《か》いかたで，飼育《しいく》できます。かれえだのかわりに，石《いし》ころやかわらのかけらで，かくれる場所《ばしょ》をつくってやりましょう。おすとめすをなんびきかいれて，どんなとき，どんな鳴《な》きかたをするかしらべてみましょう。

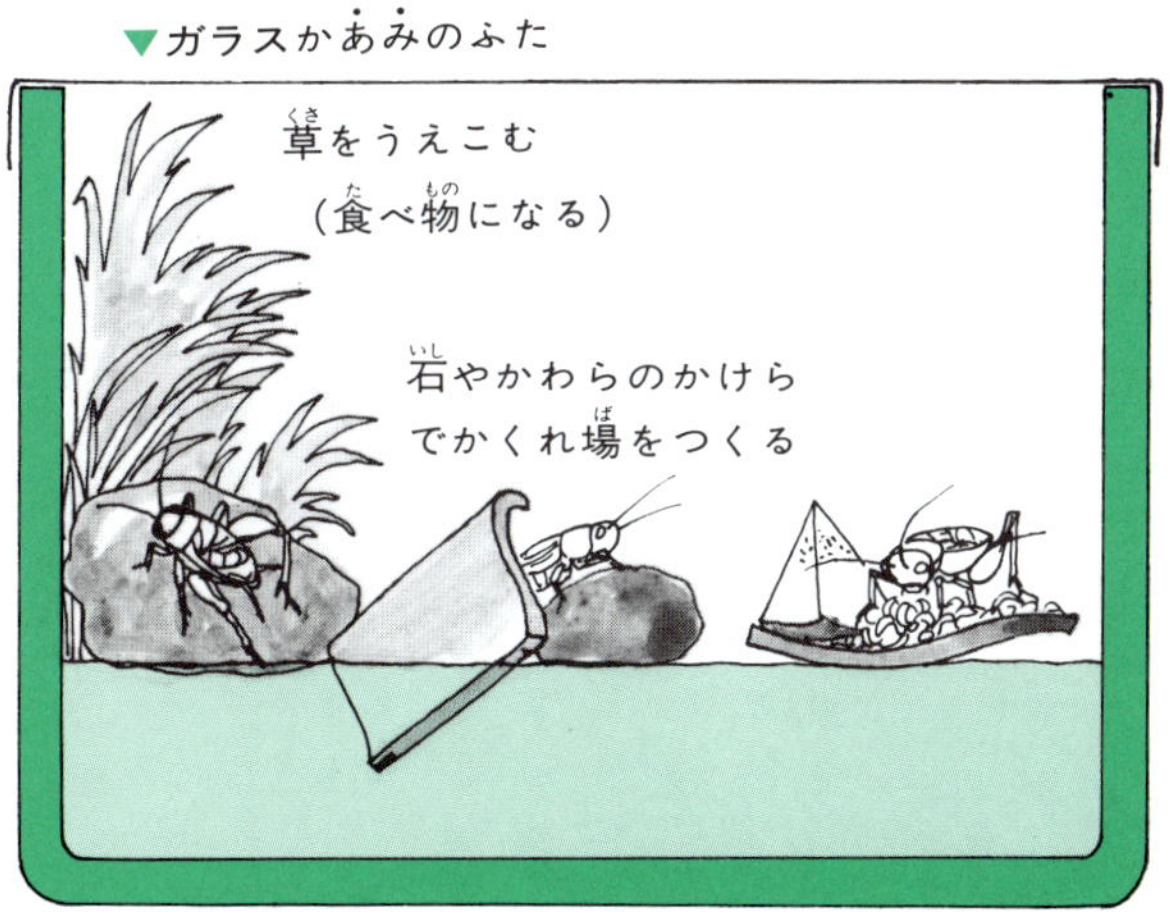
▼ガラスかあみのふた
草《くさ》をうえこむ
（食《た》べ物《もの》になる）
石《いし》やかわらのかけらでかくれ場《ば》をつくる

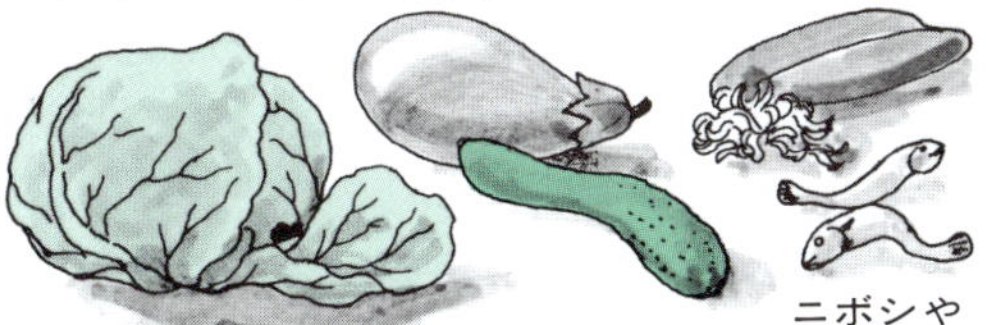

キャベツ，ナス，キュウリなどの野《や》さい　　ニボシやカツオブシ

カネタタキの飼《か》いかた

小《ちい》さなカネタタキは，コップやあきビンで飼《か》うことができます。コップやビンの口《くち》は，ガーゼを輪《わ》ゴムでとめて，ふたをします。なかにカネタタキがはいまわる木《き》のえだをいれてやりましょう。えさは，リンゴです。カネタタキは，とも食《ぐ》いをすることがあるので，ときどき動物質《どうぶつしつ》のけずりぶしをやりましょう。

ガーゼやあみを輪《わ》ゴムでとめて，ふたをする

コップ

木《き》のえだをいれてかくれ場所《しょ》をつくる

ジャムのあきビン

リンゴ　　カツオブシ

アゲハチョウの色《いろ》やもようはめだちます。これを目《め》でみて，なかまをみつけます。

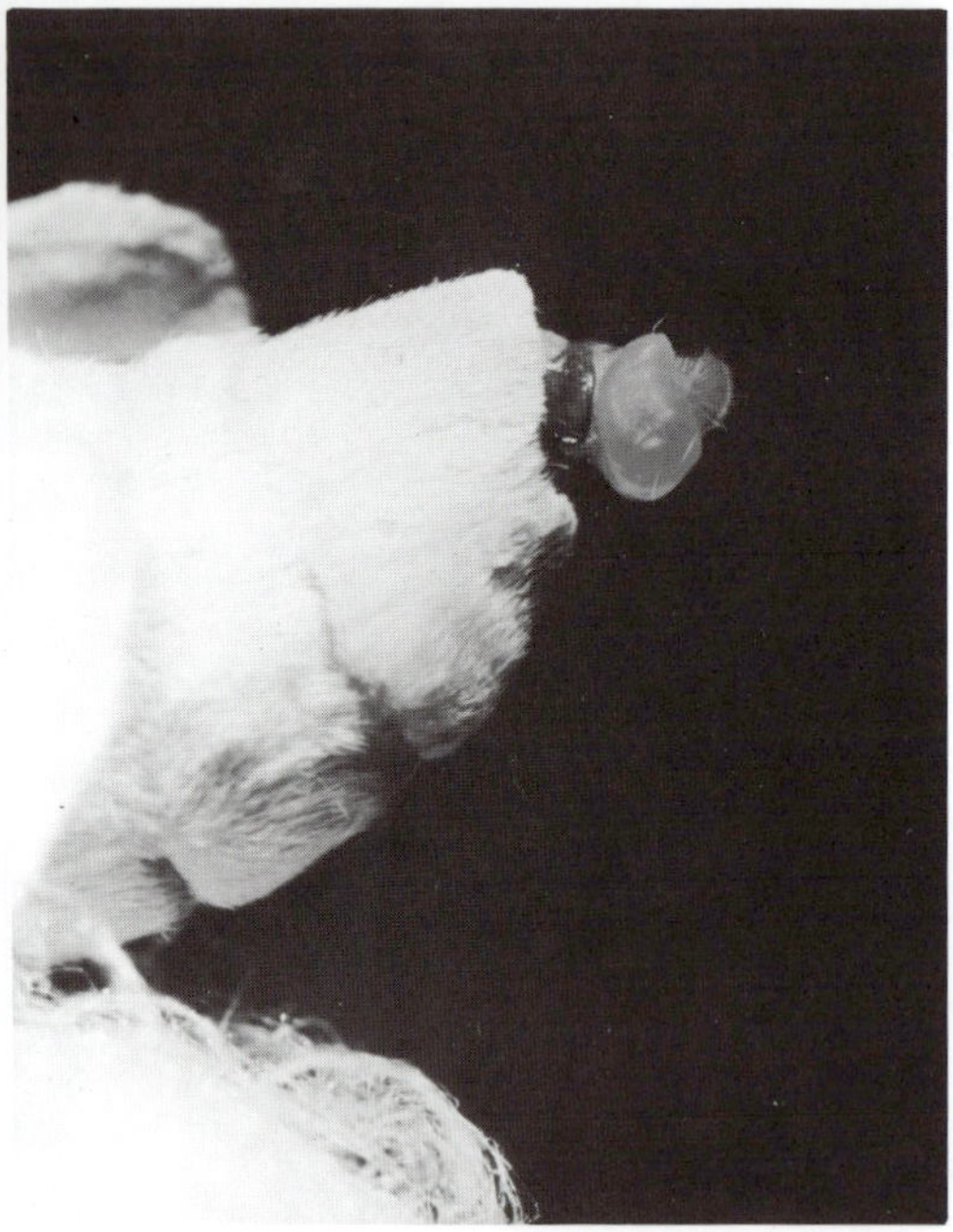

＊鳴《な》かない虫《むし》たちのなかまのみつけかた

カイコのめすは，おしりのふくろからフェロモンをだしておすをよびます。

鳴《な》く虫《むし》は、音《おと》の合図《あいず》で、なかまをみつけます。でも、多《おお》くの昆虫《こんちゅう》には、鳴《な》くしくみがありません。では、どうやって、草《くさ》むらや林《はやし》のなかで、なかまをみつけるのでしょうか。

●色《いろ》や光《ひかり》の合図《あいず》

昼間《ひるま》、活動《かつどう》するトンボやチョウは、よくみえる大《おお》きな目《め》をもっています。目《め》で、なかまをみつけます。からだのめだつ色《いろ》やもようが、なかまへの合図《あいず》です。夜《よる》は、ホタルが、光《ひかり》で暗《くら》やみのなかまに合図《あいず》します。

●においの合図《あいず》

夜《よる》に活動《かつどう》するガは、においの合図《あいず》でめすをみつけます。めすは、フェロモンとよばれる物質《ぶっしつ》を、空気中《くうきちゅう》にまきちらします。おすはとびながら、羽毛《うもう》のような触角《しょっかく》で、この物質《ぶっしつ》をかぎわけ、めすをみつけます。フェロモンは、人間《にんげん》にはかんじない、においです。

■かわった音《おと》をだす虫《むし》たち

甲虫《こうちゅう》やチャタテムシのなかには，からだの一部《いちぶ》をこすりあわせたり，ほかのものにぶつけて，かわった音《おと》をだすものがいます。

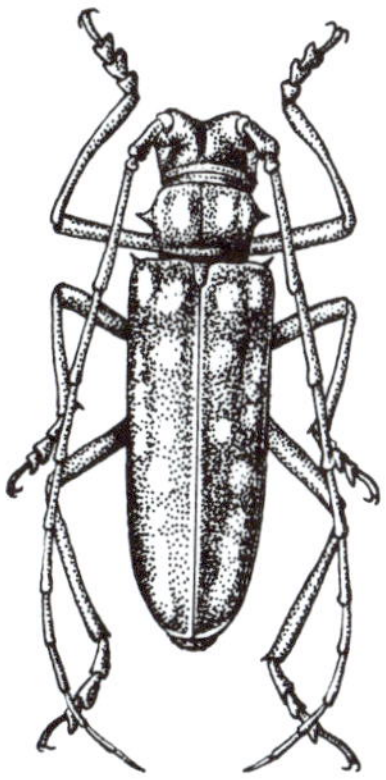

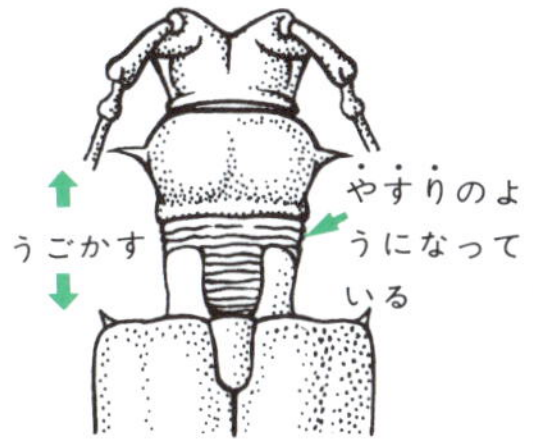
うごかす
やすりのようになっている

●シロスジカミキリ

胸《むね》をうごかし，やすりをこすりあわせてキーキーと音《おと》をだします。

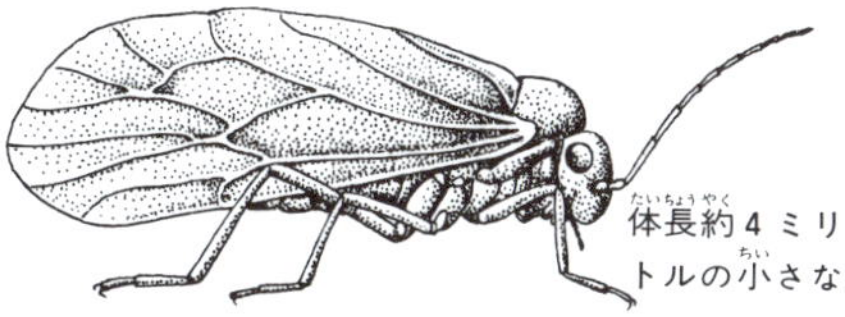
体長約《たいちょうやく》４ミリメートルの小《ちい》さな昆虫《こんちゅう》

●チャタテムシ

頭《あたま》やはらの部分《ぶぶん》をかべやしょうじにぶつけて，サッサッサッと高《たか》い音《おと》をだす。この音《おと》が茶《ちゃ》をたてるときの音《おと》ににています。

■人間《にんげん》にはきこえない鳴《な》き声《ごえ》

ヨコバイやアワフキは，セミに近《ちか》いなかまです。セミとおなじようにはらに鳴《な》くしくみをもっています。でも音《おと》は高《たか》すぎて，人間《にんげん》の耳《みみ》にはきこえません。

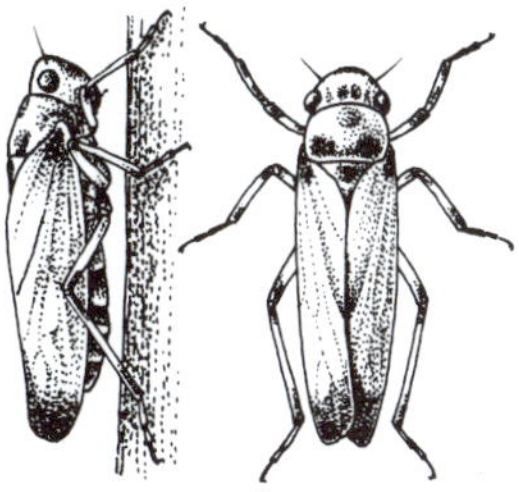

●ツマグロヨコバイ

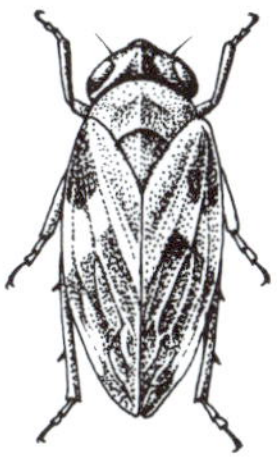

●アワフキ

↑カブトムシは，樹液《じゅえき》のでる木《き》にとんできて，そこで，おすとめすがあいます。

●集合場所《しゅうごうばしょ》をもつ昆虫《こんちゅう》たち

カブトムシやクワガタムシは、樹液《じゅえき》のにおいをたよりに、樹液《じゅえき》のでている木《き》にあつまります。そこでおすとめすがであって交尾《こうび》します。

フキバッタのように、えさになる植物《しょくぶつ》や産卵《さんらん》場所《ばしょ》を、なかまとであう集合場所《しゅうごうばしょ》にしている昆虫《こんちゅう》も少《すく》なくありません。

多《おお》くの昆虫《こんちゅう》は、それぞれの集合場所《しゅうごうばしょ》や、いくつかの合図《あいず》をくみあわせて、広《ひろ》い自然《しぜん》のなかで、なかまとであうことができます。

■ 鳴《な》く虫《むし》のカレンダー

● 5月《がつ》

夏《なつ》と秋《あき》の鳴《な》く虫《むし》の子《こ》どもがうまれます。草《くさ》むらでは、幼虫《ようちゅう》や成虫《せいちゅう》で冬《ふゆ》をこした、春《はる》の鳴《な》く虫《むし》がうたいます。

● 6月《がつ》

つゆの季節《きせつ》。草《くさ》むらでは、鳴《な》く虫《むし》の幼虫《ようちゅう》がそだちざかりです。脱《だっ》皮《ぴ》をくりかえしながら大《おお》きくなっていきます。

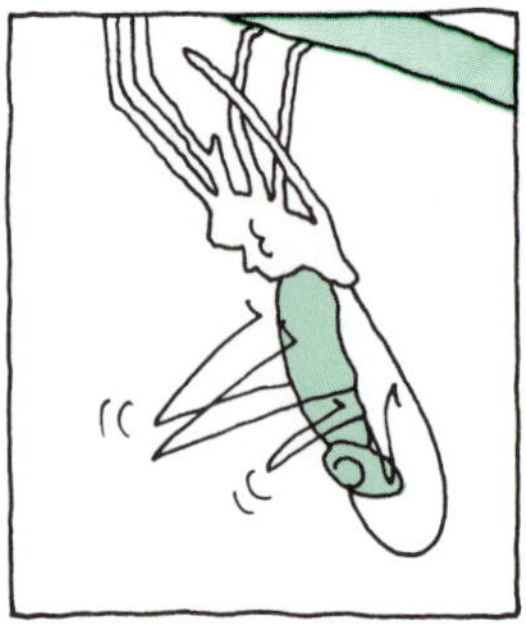

● 7月《がつ》

ニイニイゼミやヒグラシが夏《なつ》をうたいます。やがて、キリギリスたちの季節《きせつ》です。夏《なつ》の暑《あつ》さをうたいます。

＊季節《きせつ》の声《こえ》をきいてみよう

田植《たう》えの季節《きせつ》には、カエルたちが夜《よる》をうたいます。でも、耳《みみ》をすましてきくと、もう鳴《な》いている虫《むし》たちがいます。春《はる》の鳴《な》く虫《むし》たちです。

日本《にっぽん》の北《きた》の地方《ちほう》（おもに関東以北《かんとういほく》）では、田《た》畑《はた》のあぜ道《みち》で、エゾスズがジージーと弱《よわ》い声《こえ》で鳴《な》いています。また、南《みなみ》の地方《ちほう》（おもに関東以《かんとうい》南《なん》）では、クビキリギスが、かん木《ぼく》の上《うえ》でジーと夜《よる》を鳴《な》きつづけます。

エゾスズはコオロギのなかまで、幼虫《ようちゅう》で冬《ふゆ》をすごします。クビキリギスはキリギリスのなかまで、成虫《せいちゅう》で冬《ふゆ》をすごします。いずれも初夏《しょか》に、たまごをうんで子孫《しそん》をのこします。

つゆの季節《きせつ》は、みどりの草《くさ》むらで、夏《なつ》から秋《あき》の鳴《な》く虫《むし》たちがそだちざかり。つゆもおわりにちかづくと、セミたちがひと足《あし》さきにうたいます。やがて、草《くさ》むらで成虫《せいちゅう》になったキリギリスが、夏《なつ》の暑《あつ》さをうたいはじめます。

8月《がつ》

昼《ひる》は、キリギリスがうたいます。夜《よる》は、コオロギがうたいます。

草《くさ》むらの鳴《な》き声《ごえ》は、夏《なつ》の鳴《な》く虫《むし》から秋《あき》の鳴《な》く虫《むし》へとかわります。まもなく、コオロギたちの季《き》節《せつ》です。

9月《がつ》

草《くさ》むらの夜《よる》は、秋《あき》の鳴《な》く虫《むし》の声《こえ》で、うめつくされます。

やがて、秋《あき》の雨《あめ》の季《き》節《せつ》です。ひと雨《あめ》ごとにすずしくなります。

夜《よる》に鳴《な》いていた虫《むし》たちが、昼間《ひるま》も鳴《な》くようになります。

10月《がつ》

秋《あき》の鳴《な》く虫《むし》の季節《きせつ》も、そろそろおわり。いきている虫《むし》の声《こえ》も寒《さむ》さのせいで、弱《よわ》よわしくひびきます。

八月《がつ》もなかばをすぎると、コオロギたちの季《き》節《せつ》がやってきます。でも、まだ気温《きおん》の高《たか》すぎる昼間《ひるま》は、コオロギたちは、あまり活動《かつどう》しません。日《ひ》がくれてすずしくなると鳴《な》きはじめます。夜《よ》風《かぜ》には、もう秋《あき》がかんじられます。

※鳴《な》く虫《むし》の活動《かつどう》は、まわりの温度《おんど》に左右《さゆう》されます。暑《あつ》すぎても寒《さむ》すぎても、活動《かつどう》がにぶります。

夜《よる》だけ鳴《な》いていたエンマコオロギも、九月《がつ》になると、すずしい昼間《ひるま》も鳴《な》くようになります。

このように、秋《あき》が深《ふか》まるにつれて、虫《むし》の鳴《な》く時《じ》こくがかわってきます。声《こえ》をたよりに、しらべてみましょう。

秋《あき》もおわりにちかづくと、夜《よる》の草《くさ》むらもだんだん静《しず》かになってきます。鳴《な》く虫《むし》の季《き》節《せつ》もそろそろおわりです。

庭《にわ》の日《ひ》だまりで、ツヅレサセコオロギが、弱《よわ》よわしく鳴《な》きます。寒《さむ》さのために、うたう声《こえ》もとぎれがちです。

※キリギリスが鳴《な》くときは、温度《おんど》の影響《えいきょう》が大《おお》きく、夜《よる》でも高温《こうおん》だと鳴《な》くことがあります。一方《いっぽう》、クツワムシは、光《ひかり》の明暗《めいあん》の影響《えいきょう》で鳴《な》き、昼《ひる》でも暗《くら》くすると鳴《な》きます。

あとがき

セミやコオロギなど、日本《にっぽん》には、季節《きせつ》をうたういろいろな昆虫《こんちゅう》がいます。なかでもキリギリスやコオロギなどの鳴《な》く虫《むし》ほど、むかしから飼《か》われ、親《した》しまれてきた昆虫《こんちゅう》はないでしょう。わたしの子《こ》どものころ、虫屋《むしや》さんといえば、縁日《えんにち》に、竹細工《たけざいく》の美《うつく》しい虫《むし》かごといっしょに、キリギリスやスズムシ、カンタンなどをあきなう商売《しょうばい》でした。それは、街《まち》の風物詩《ふうぶつし》のひとつでした。

ナキイナゴは六月《がつ》に鳴《な》きはじめ、キリギリスは真夏《まなつ》の草《くさ》むらでうたいます。夏《なつ》のおわりからは、数多《かずおお》くの鳴《な》く虫《むし》たちが草原《そうげん》で合唱《がっしょう》しはじめます。こうしてみると、鳴《な》く虫《むし》たちを観察《かんさつ》する機会《きかい》も、ずいぶん長《なが》いあいだあります。川原《かわら》や田《た》んぼのあぜ、林《はやし》のなかの草《くさ》むらを足《あし》でかきわけると、さまざまな虫《むし》たちがとびだしてきます。そのなかにも、何種類《なんしゅるい》かの鳴《な》く虫《むし》のなかまがいます。これらの虫《むし》は、日《ひ》なたや日《ひ》かげ、しめりぐあいをえらんでうまく生《い》きています。すみかと生活《せいかつ》のようすを考《かんが》えながら、鳴《な》く虫《むし》の声《こえ》に耳《みみ》をかたむけてみましょう。

この本《ほん》をつくるにあたり、昆虫研究家《こんちゅうけんきゅうか》の小田英智《おだひでとも》さんに文《ぶん》を書《か》いていただきました。また、金井日出夫《かないひでお》さんからは貴重《きちょう》な写真《しゃしん》をお借《か》りし、菅原光二《すがわらこうじ》さんには、夜《よる》の撮影《さつえい》をてつだっていただきました。多摩動物公園飼育係長矢島稔先生《たまどうぶつこうえんしいくかかりちょうやじまみのるせんせい》には、監修《かんしゅう》をおねがいしました。みなさんに厚《あつ》くお礼《れい》を申《もう》しあげます。

佐藤有恒《さとうゆうこう》

（一九七六年八月）

NDC486
佐藤有恒
科学のアルバム　虫11
鳴く虫の世界

あかね書房 2022
54P 23×19cm

科学のアルバム
鳴く虫の世界

一九七六年八月初版
二〇〇五年 四 月新装版第 一 刷
二〇二二年一〇月新装版第一四刷

著者　佐藤有恒
　　　小田英智
発行者　岡本光晴
発行所　株式会社 あかね書房
〒一〇一－〇〇六五
東京都千代田区西神田三－二－一
電話〇三－三二六三－〇六四一（代表）
ホームページ http://www.akaneshobo.co.jp
印刷所　株式会社 精興社
写植所　株式会社 田下フォト・タイプ
製本所　株式会社 難波製本

ISBN978-4-251-03352-9
定価は裏表紙に表示してあります。

○表紙写真
・スズムシ
○裏表紙写真（上から）
・マツムシ
・ウスイロササキリ
・マツムシ
○扉写真
・ヤブキリ
○もくじ写真
・アシグロツユムシ

科学のアルバム

全国学校図書館協議会選定図書・基本図書
サンケイ児童出版文化賞大賞受賞

虫

モンシロチョウ
アリの世界
カブトムシ
アカトンボの一生
セミの一生
アゲハチョウ
ミツバチのふしぎ
トノサマバッタ
クモのひみつ
カマキリのかんさつ
鳴く虫の世界
カイコ まゆからまゆまで
テントウムシ
クワガタムシ
ホタル 光のひみつ
高山チョウのくらし
昆虫のふしぎ 色と形のひみつ
ギフチョウ
水生昆虫のひみつ

植物

アサガオ たねからたねまで
食虫植物のひみつ
ヒマワリのかんさつ
イネの一生
高山植物の一年
サクラの一年
ヘチマのかんさつ
サボテンのふしぎ
キノコの世界
たねのゆくえ
コケの世界
ジャガイモ
植物は動いている
水草のひみつ
紅葉のふしぎ
ムギの一生
ドングリ
花の色のふしぎ

動物・鳥

カエルのたんじょう
カニのくらし
ツバメのくらし
サンゴ礁の世界
たまごのひみつ
カタツムリ
モリアオガエル
フクロウ
シカのくらし
カラスのくらし
ヘビとトカゲ
キツツキの森
森のキタキツネ
サケのたんじょう
コウモリ
ハヤブサの四季
カメのくらし
メダカのくらし
ヤマネのくらし
ヤドカリ

天文・地学

月をみよう
雲と天気
星の一生
きょうりゅう
太陽のふしぎ
星座をさがそう
惑星をみよう
しょうにゅうどう探検
雪の一生
火山は生きている
水 めぐる水のひみつ
塩 海からきた宝石
氷の世界
鉱物 地底からのたより
砂漠の世界
流れ星・隕石